W0320509

Inhaltsverzeichnis

Arbeiten mit dem Buch 5

Bezeichnungen 7

Theorie & Aufgaben 9

1 Zufallsexperimente 11
- 1.1 Einführung . . . 11
- 1.2 Einstufige Zufallsexperimente . . . 13
- 1.3 Mehrstufige Zufallsexperimente . . . 18
- 1.4 Kombinatorische Hilfsmittel . . . 24
- 1.5 Additionssatz . . . 32
- 1.6 Bedingte Wahrscheinlichkeiten . . . 34
- 1.7 Unabhängige Ereignisse . . . 38

2 Zufallsgrößen 41
- 2.1 Wahrscheinlichkeitsfunktion . . . 42
- 2.2 Verteilungsfunktion* . . . 45
- 2.3 Erwartungswert . . . 47
- 2.4 Varianz und Standardabweichung . . . 50

3 Spezielle Zufallsgrößen 53
- 3.1 Binomialverteilung . . . 53
- 3.2 Erwartungswert und Standardabweichung der Binomialverteilung . . . 58
- 3.3 Standardnormalverteilung* . . . 61
- 3.4 Approximation der Binomialverteilung für großes n* . . . 63
- 3.5 Prognoseintervalle und Sigma-Regeln . . . 65

4 Schätzen unbekannter Wahrscheinlichkeiten 69

5 Testen von Hypothesen 75
- 5.1 Einseitiger Signifikanztest . . . 76
- 5.2 Zweiseitiger Signifikanztest . . . 80

Lösungen 85

Bonusmaterial 133

Index 141

Arbeiten mit dem Buch

Liebe Schüler/innen,

Dieses Buch soll Ihnen die Vorbereitung auf die anstehenden Abiturprüfungen erleichtern, egal aus welchem Bundesland Sie kommen. Jeder Abschnitt besteht aus einem kurzen Theorieteil mit Beispielen und dazugehörigen Aufgaben.

- **Schwierigkeitsgrade**: • leicht, •• mittel, ••• schwer, ★ Bonusaufgaben (über dem Schulniveau). Wählen Sie individuell ihr gewünschtes Niveau aus und versuchen Sie, sich mit der Zeit zu steigern.
- Alle Aufgaben, die per Hand gerechnet werden müssen, haben einfache Zahlenwerte als Lösung.
- Ein wissenschaftlicher Taschenrechner darf zum Lösen verwendet werden.
- *: Dieses Kapitel wird im Unterricht nur selten behandelt
- **179.**: Diese rot markierten Aufgaben sind Schwerpunkt der Abiturvorbereitung
- **Lösungen**: Ich stelle Ihnen alle Lösungen inklusive der Lösungswege zur Verfügung. Gelegentlich kann es auch alternative Lösungswege geben. Versuchen Sie bitte stets, die Aufgaben zu lösen, ohne einen Blick auf die Lösungen zu werfen. Erst wenn Sie nach zwei Versuchen nicht auf die Lösung kommen, sollten Sie sich diese ansehen.

Auf der Internetseite

http://www.intensivkurs-mathematik.de

erhalten Sie zusätzliche Informationen sowie eine Übersicht über die weiteren Bücher dieser Reihe.
Nun wünsche ich Ihnen eine erfolgreiche Vorbereitung auf die Abiturprüfungen in Mathematik!

Bezeichnungen

Gebräuchliche Zahlenmengen

Symbol	*Bedeutung*
$\mathbb{N}$	natürliche Zahlen, $\mathbb{N} = \{1, 2, 3, \ldots\}$
$\mathbb{R}$	reelle Zahlen (alle in der Schule verwendeten Zahlen)
$\mathbb{W}$	Wertemenge
$\{1, 2, 3\}$	Menge mit den Zahlen 1, 2 und 3
$1 \in \{1, 2, 3\}$	1 ist Element der Menge $\{1, 2, 3\}$
$4 \notin \{1, 2, 3\}$	4 ist kein Element der Menge $\{1, 2, 3\}$

Intervallschreibweise von Zahlenmengen

Intervalle sind Zahlenmengen aller Elemente in $\mathbb{R}$ zwischen einer unteren Grenze a und einer oberen Grenze b. Wir unterscheiden die folgenden Fälle.

Symbol	*Bedeutung*
$[a; b]$	sowohl a als auch b sind in der Menge enthalten
$[a; b)$ bzw. $[a; b[$	a ist in der Menge enthalten, b aber nicht
$(a; b]$ bzw. $]a; b]$	b ist in der Menge enthalten, a aber nicht
$(a; b)$ bzw. $]a; b[$	weder a noch b sind in der Menge enthalten

Notationen

Symbol	*Bedeutung*
$\Rightarrow$	aus der linken Bedingung folgt die rechte Bedingung
$\|x\|$	Betrag der Zahl x (das Vorzeichen wird weggelassen)

Bezeichnungen in der Stochastik

Symbol	*Bedeutung*
ω	Ergebnis
Ω	Ergebnismenge
A, B, C, ...	Ereignisse („A, B bzw. C treten ein“)
$\overline{\mathrm{A}}$	Gegenereignis von A („A tritt nicht ein“)
$\{\}$	unmögliches Ereignis
$\mathrm{A} \cap \mathrm{B}$	Schnitt zweier Mengen („A und B treten ein“)
$\mathrm{A} \cup \mathrm{B}$	Vereinigung zweier Mengen („A oder B oder beide treten ein“)
$\mathrm{A} \setminus \mathrm{B}$	Differenz zweier Mengen („A tritt ein, B aber nicht“)
$\lvert\mathrm{A}\rvert$	Anzahl der Elemente in A
h bzw. $h_n(\mathrm{A})$	relative Häufigkeit von A bei n Versuchen
$\mathrm{P}(\mathrm{A})$	Wahrscheinlichkeit von A
$\mathrm{P}_{\mathrm{B}}(\mathrm{A})$	Wahrscheinlichkeit von A unter der Bedingung B
$n!$	Fakultät von n
$\binom{n}{k}$	Binomialkoeffizient („n über k“)
X	Zufallsgröße
$\mathrm{P}(X = k)$	Wahrscheinlichkeit für eine Zufallsgröße
$\mathrm{P}(X \leq k)$	kumulierte Wahrscheinlichkeit für eine Zufallsgröße
μ bzw. $\mathrm{E}(X)$	Erwartungswert
$\mathrm{var}(X)$	Varianz
σ bzw. $\sigma(X)$	Standardabweichung
$X \sim \mathrm{B}_{n;\,p}$	X ist binomialverteilt mit den Parametern n und p
$\mathrm{B}_{n;\,p}(k)$	Wahrscheinlichkeit für eine binomialverteilte Zufallsgröße
$X \sim \mathcal{N}_{0;\,1}$	X ist standardnormalverteilt
φ	Dichtefunktion der Standardnormalverteilung
Φ	Verteilungsfunktion der Standardnormalverteilung
γ	Sicherheitswahrscheinlichkeit
H_0	Nullhypothese
H_1	Alternativhypothese
A	Annahmebereich
$\overline{\mathrm{A}}$	Ablehnungsbereich
α	Signifikanzniveau, Obergrenze für Wahrscheinlichkeit eines Fehlers 1. Art
β	Wahrscheinlichkeit eines Fehlers 2. Art

Teil I.
Theorie & Aufgaben

1 Zufallsexperimente

1.1 Einführung

In vielen Bereichen des täglichen Lebens stellen wir fest, dass zahlreiche Beobachtungen unter ähnlichen Bedingungen häufig wiederholt werden können. Bei einigen davon lässt sich das Ergebnis durch mathematische Modelle exakt voraussagen, wie z.B. die Uhrzeit des Sonnenuntergangs an einem bestimmten Ort und Tag. Es gibt jedoch viele Fälle, bei denen unser Wissen nicht ausreicht, um exakte Vorhersagen zu einer einmaligen Beobachtung zu treffen. Dann sprechen wir von einem *Zufallsexperiment*.

Aufgabe

Nennen Sie Beispiele für ein Zufallsexperiment.

Lösung

- Eine Münze wird geworfen. Auf welche Seite fällt sie?
- Welche Lottozahlen werden gezogen?
- Eine Frau wird schwanger. Wird das erwartete Kind ein Junge oder ein Mädchen?
- Bei Kopfschmerzen wird eine Tablette verabreicht. Wirkt sie?

Während wir bei Zufallsexperimenten wie dem Wurf einer Münze keine Vorhersagen für individuelle Ergebnisse treffen können, so ist das sehr wohl für ganze Versuchsreihen mit z.B. 100 Münzwürfen möglich. Um dieses Phänomen zu beschreiben, führen wir ein Experiment mehrfach („n-mal“) durch und interessieren uns dafür, ob ein bestimmtes *Ereignis* A eintritt oder nicht.

Absolute und relative Häufigkeit
Den Ausdruck

$$h_n(\mathrm{A}) = \frac{\text{Anzahl der Versuche, in denen A eintritt}}{\text{Anzahl } n \text{ aller Versuche}}$$

bezeichnen wir als *relative Häufigkeit*, den Zähler dieses Bruches als *absolute Häufigkeit* des Ereignisses A.

Es ist klar, dass die Werte von $h_n(\mathrm{A})$ zwischen 0 und 1 liegen. Beobachten wir die Werte $h_n(\mathrm{A})$ für eine wachsende Anzahl n an Versuchen, so stellen wir fest, dass diese Werte einer erstaunlichen Regularität unterliegen.

Empirisches Gesetz der großen Zahlen
Für große Werte von n strebt der Wert $h_n(\mathrm{A})$ gegen eine bestimmte Zahl P(A), also $h_n(\mathrm{A}) \to \mathrm{P(A)}$ für $n \to \infty$.

Diesen Wert P(A) nennen wir die *Wahrscheinlichkeit* des Ereignisses A. Auch die Wahrscheinlichkeit P(A) liegt dann zwischen 0 und 1.

Ein Beispiel zeigt Abb. 1.1, in der die relative Häufigkeit für das Ereignis A = „die Münze fällt auf Kopf“ sukzessive bei einer Versuchsreihe mit Münzwürfen festgehalten wird. Sie strebt gegen den Wert $\frac{1}{2}$.

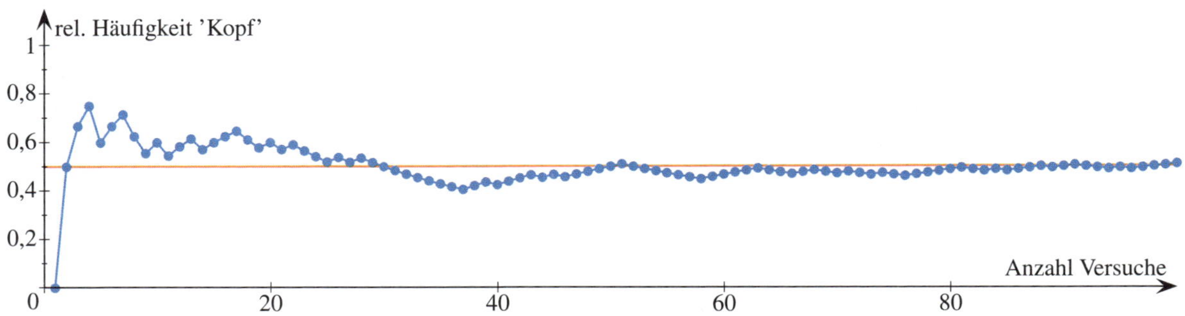

Abb. 1.1: Relative Häufigkeit des Ereignisses „Kopf“ bei mehrmaligem Münzwurf

Je nachdem, ob ein Experiment nur aus einem Schritt besteht (z.B. einmaliger Wurf eines Würfels) oder aus mehreren (z.B. zweimaliger Wurf einer Münze), so spricht man von einem *einstufigen* bzw. *mehrstufigen* Zufallsexperiment.
Mit dem Wurf eines Würfels stellen wir beispielhaft interessante Fragestellungen vor, die Inhalt dieses Buches sind.

1: Wie oft fällt bei drei Würfen im Durchschnitt eine 6? Wie stark variieren die Ergebnisse?

2: Wie groß ist die Wahrscheinlichkeit, eine 6 zu werfen? Wie oft müssen wir mindestens werfen, damit wir mit einer Wahrscheinlichkeit von mindestens 95 % mindestens eine 6 werfen? Wie viele Möglichkeiten gibt es, innerhalb von fünf Würfen genau eine 6 zu werfen? Beeinflusst der Wurf eines Würfels den darauffolgenden Wurf?

3: Wie oft fällt bei sechzig Würfen im Durchschnitt eine 6? In welchem Intervall erwarten wir bei einer solchen Versuchsreihe die Anzahl geworfener Sechser, so dass wir in 95 % aller Vermutungen richtig liegen?

4: Angenommen, der Würfel wäre gezinkt. In welchem Intervall erwarten wir die wahre Wahrscheinlichkeit, dass der Würfel bei einmaligem Wurf eine 6 zeigt, wenn wir zuvor Ergebnisse aus sechzig Würfen gesammelt haben?

5: Wie können wir mit einem Test bestimmen, ob ein Würfel gezinkt ist?

Abb. 1.2: Simulation vieler Würfe eines Würfels

1.2 Einstufige Zufallsexperimente

In diesem und in den nächsten Abschnitten wenden wir uns konkreten Zufallsexperimenten und der Berechnung von Wahrscheinlichkeiten zu. Dabei unterscheiden wir zwischen einem *einstufigen* Zufallsexperiment, bei dem eine gewisse Aktion nur einmal durchgeführt wird, und einem *mehrstufigen* Zufallsexperiment, bei dem mehrere Aktionen hintereinander durchgeführt werden. Alle Begriffe, die in diesem Abschnitt eingeführt werden, haben auch in allen weiteren Gültigkeit.

Ergebnismenge
Die *Ergebnismenge* $\Omega = \{\omega_1, \ldots, \omega_n\}$ gibt alle möglichen Ergebnisse eines Zufallsexperiments an, die *Mächtigkeit* $|\Omega|$ die Anzahl aller möglichen Ergebnisse.

Beispiel

Geben Sie für die folgenden Zufallsexperimente die Menge und die Anzahl aller möglichen Ergebnisse sowie ein Beispiel für ein Ergebnis an.

(a) einmaliger Wurf eines Würfels

(b) einmaliger Wurf einer Münze

Lösung

(a)
- $\Omega = \{1, 2, 3, 4, 5, 6\}$
- $|\Omega| = 6$
- z.B. $\omega = 4$

(b)
- $\Omega = \{K, Z\}$
- $|\Omega| = 2$
- z.B. $\omega = K$

Ereignis
Eine Teilmenge A von Ω heißt *Ereignis*. Besondere Ereignisse sind das *unmögliche Ereignis* $A = \{\}$ und das *sichere Ereignis* $A = \Omega$. Mit $|A|$ bezeichnen wir die Anzahl aller Ergebnisse in A. Die Menge aller möglichen Ereignisse nennen wir *Ereignismenge*. Der Ausdruck $\{\omega\}$ heißt *Elementarereignis*.

Gegenereignis und Verknüpfungen
Es sind zwei Ereignisse A und B gegeben.

- Das *Gegenereignis* $\overline{A}$ enthält alle Ergebnisse, die nicht in A vorkommen (Abb. 1.3b).
- Die *Schnittmenge* $A \cap B$ enthält alle Ergebnisse, die sowohl in A als auch in B vorkommen (Abb. 1.3c). Gilt $A \cap B = \{\}$, so heißen die Ereignisse A und B *unvereinbar*.
- Die *Vereinigungsmenge* $A \cup B$ enthält alle Ergebnisse, die in mindestens einem der Ereignisse A oder B vorkommen (Abb. 1.3d).
- Die *Mengendifferenz* $A \setminus B$ enthält alle Ergebnisse, die in A vorkommen, nicht aber in B (Abb. 1.3e).

Alle Arten von Ereignissen lassen sich anschaulich in einem *Mengendiagramm* (Abb. 1.3) darstellen.

Beispiel

Ein Würfel wird einmal geworfen. $\Omega = \{1, 2, 3, 4, 5, 6\}$. Wir betrachten die Ereignisse A = „Zahl höchstens 3“ = {1, 2, 3} und B = „Zahl gerade“ = {2, 4, 6}. Zeichnen Sie die folgenden Ereignisse in einem Mengendiagramm und geben Sie die Ereignisse in der Mengenschreibweise an.

(a) A (b) $\overline{A}$ (c) $A \cap B$ (d) $A \cup B$ (e) $A \setminus B$ (f) $B \setminus A$ (g) $(A \cup B) \setminus (A \cap B)$ (h) $\overline{A \cup B}$

Lösung

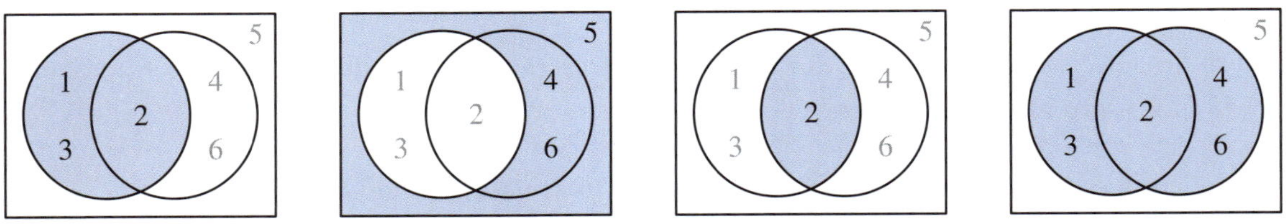

(a) $A = \{1,2,3\}$ „A tritt ein“

(b) $\overline{A} = \{4,5,6\}$ „A tritt nicht ein“

(c) $A \cap B = \{2\}$ „A und B treten ein“

(d) $A \cup B = \{1,2,3,4,6\}$ „A oder B“

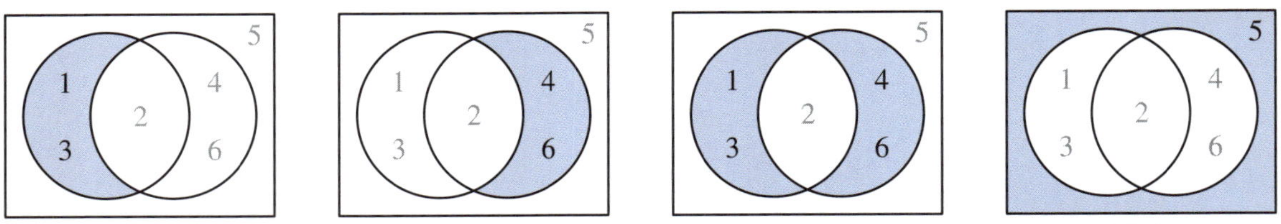

(e) $A \setminus B = \{1,3\}$ „nur A, aber nicht B“

(f) $B \setminus A = \{4,6\}$ „nur B, aber nicht A“

(g) $(A \cup B) \setminus (A \cap B) = \{1,3,4,6\}$ „entweder A oder B“

(h) $\overline{A \cup B} = \{5\}$ „weder A noch B“

Abb. 1.3: Mengendiagramme

Hinweis: Ein sicheres Ereignis wäre C = „Zahl höchstens 6“. Ein unmögliches Ereignis wäre D = „Zahl negativ“. Die Ereignisse $E = \{1,4\}$ und $F = \{2,5,6\}$ wären unvereinbar.

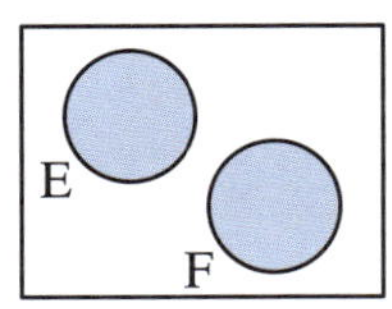

Die Wahrscheinlichkeit P weist jedem dieser Ereignisse eine bestimmte Zahl zwischen 0 und 1 zu, je nachdem, wie häufig dieses auftritt. Formal ist P definiert durch die drei *Axiome von Kolmogorov*.

Axiome von Kolmogorov

Die *Wahrscheinlichkeit* P ist eine Funktion, die Ereignisse als Funktionsvariable hat und für die gilt:

(a) $P(A) \geq 0$ *(Nichtnegativität)*

(b) $P(\Omega) = 1$ *(Normiertheit)*

(c) $P(A \cup B) = P(A) + P(B)$, wenn A und B unvereinbar sind *(Additivität)*

Haben die Mengen A und B gemeinsame Elemente, dann lassen sich die Wahrscheinlichkeiten nicht auf diese Art addieren. Mehr dazu in Abschnitt 1.5.
Aus den obigen Formeln lässt sich eine weitere Eigenschaft von Wahrscheinlichkeiten ableiten.

Rechenregel für Wahrscheinlichkeiten

Für das Gegenereignis $\overline{A}$ eines Ereignisses A gilt $P(\overline{A}) = 1 - P(A)$.

Eine Besonderheit stellen Zufallsexperimente dar, bei denen die Wahrscheinlichkeit für jedes Ergebnis gleich ist (*Laplace-Experiment*). Beispiele hierfür sind der Wurf eines Würfels, der Wurf einer Münze oder das Ziehen einer Kugel aus einer Urne. Dann ist die Wahrscheinlichkeit sehr einfach zu bestimmen (*Laplace-Wahrscheinlichkeit*). Andernfalls ist sie in Aufgaben entweder gegeben oder man muss sie mit Methoden wie in Abschnitt 1.1 oder Kapitel 4 schätzen.

Laplace-Wahrscheinlichkeit

Die *Wahrscheinlichkeit* eines Ereignisses A in einem *Laplace-Experiment* ist gegeben durch

$$P(A) = \frac{\text{Anzahl der Ergebnisse in A}}{\text{Anzahl möglicher Ergebnisse}} = \frac{|A|}{|\Omega|}.$$

Beispiel

Ein Würfel wird einmal geworfen. Es sind die Ereignisse $E = \{1, 4\}$ und $F = \{2, 5, 6\}$ gegeben. Geben Sie die Wahrscheinlichkeiten der folgenden Ereignisse an.

(a) E (b) F (c) $\overline{E}$ (d) $E \cup F$

Lösung

Der einmalige Wurf eines Würfels ist ein Laplace-Experiment. Es gilt $|\Omega| = 6$. Wir berechnen:

(a) $|E| = 2$, $P(E) = \frac{|E|}{|\Omega|} = \frac{2}{6} = \frac{1}{3}$

(b) $|F| = 3$, $P(F) = \frac{|F|}{|\Omega|} = \frac{3}{6} = \frac{1}{2}$

(c) $P(\overline{E}) = 1 - P(E) = 1 - \frac{1}{3} = \frac{2}{3}$

(d) $P(E \cup F) = P(E) + P(F) = \frac{1}{3} + \frac{1}{2} = \frac{5}{6}$

Häufige Schlagwörter in Aufgaben:

„höchstens"	„mindestens"	„kleiner als"	„größer als"
$\leq$	$\geq$	$<$	$>$

„und"	„oder"	„nicht"
$\cap$	$\cup$	$\overline{A}$

Theorie & Aufgaben

1. Geben Sie eine geeignete Ergebnismenge Ω für die folgenden Zufallsexperimente an. Wie viele Elemente umfasst Ω?

(a) Ein Auto fährt an eine Ampel. Die aktuelle Farbe wird notiert.

(b) Aus einer Urne mit 100 verschiedenen Losen wird ein Los gezogen.

(c) Aus einem Satz von Pokerkarten (→ Seite 134) wird eine Karte gezogen und die Farbe notiert.

(d) Ein Wochentag wird zufällig ausgewählt.

2. Ein Würfel wird einmal geworfen.

(a) Geben Sie eine geeignete Ergebnismenge an.

(b) Stellen Sie die Ereignisse als Mengen dar und geben Sie ihre Wahrscheinlichkeiten an.

A = „gerade Augenzahl"
C = „Augenzahl mindestens 5"
B = „Augenzahl kleiner als 3"
D = „Augenzahl nicht 4"

(c) Formulieren Sie die folgenden Ereignisse in Worten.

$E = \{3, 6\}$ $F = \{1, 2, 3\}$ $G = \{1, 3, 5\}$ $H = \{2, 3, 4, 5, 6\}$

(d) Beschreiben Sie die Gegenereignisse $\overline{A}$, $\overline{B}$, $\overline{C}$ und $\overline{D}$ in Worten, stellen Sie diese als Menge dar und geben Sie ihre Wahrscheinlichkeiten an.

3. Aus einem Satz von Pokerkarten (→ Seite 134) wird eine Karte zufällig gezogen.

(a) Geben Sie eine geeignete Ergebnismenge an. Wie viele Elemente umfasst sie?

(b) Stellen Sie die Ereignisse als Mengen dar und geben Sie ihre Wahrscheinlichkeiten an: „Die Karte ..."

A = „... hat die Farbe Karo"
C = „... ist ein Bube oder König"
B = „... hat den Wert 2"
D = „... hat die Farbe Kreuz und ist kleiner 7"

4. Es ist bekannt, dass in einer Urne ausschließlich schwarze und weiße Kugeln liegen und eine schwarze Kugel mit der Wahrscheinlichkeit $\frac{1}{7}$ gezogen wird. Wie viele schwarze und weiße Kugeln könnten in der Urne liegen? Geben Sie drei Beispiele an.

5. In einer Lostrommel liegen 240 Lose, davon sind 16 Gewinne.

(a) Wie groß ist die Wahrscheinlichkeit, im ersten Zug einen Gewinn zu ziehen?

(b) Ein Spieler zieht 40 Lose und alle sind Nieten. Wie groß ist nun die Wahrscheinlichkeit, einen Gewinn zu ziehen?

6. In einer Urne liegen vier rote, drei grüne und sieben blaue Kugeln. Wie groß ist die Wahrscheinlichkeit, eine rote Kugel zu ziehen?

• **7.** Es ist die Ergebnismenge $\Omega = \{1, 2, \ldots, 12\}$ gegeben. Schreiben Sie die folgenden Ereignisse in Mengenschreibweise. Wie lautet das entsprechende Gegenereignis? Formulieren Sie in Worten.

(a) mindestens 9

(b) höchstens 4

(c) größer als 10

(d) kleiner als 6

(e) größer als 3, aber höchstens 7

(f) kleiner als 4 oder mindestens 10

•• **8.** Es sind die Ergebnismenge $\Omega = \{1, 2, \ldots, 12\}$ sowie die beiden Ereignisse $A = \{1, 2, 3, 4, 5, 6\}$ und $B = \{3, 6, 9, 12\}$ gegeben. Welche Elemente beinhalten die folgenden Ereignisse? Geben Sie ihre Wahrscheinlichkeiten an und zeichnen Sie das dazugehörige Mengendiagramm.

(a) $A \cap B$

(b) $A \cup B$

(c) $\overline{A} \cup B$

(d) $A \cup \overline{B}$

(e) $\overline{A} \cap \overline{B}$

(f) $\overline{A} \cup \overline{B}$

(g) $A \setminus B$

(h) $B \setminus A$

•• **9.** Es sind drei Ereignisse A, B und C gegeben, die keinerlei Elemente gemeinsam haben. Zudem gilt $P(A) = \frac{1}{2}$, $P(B) = \frac{1}{4}$ und $P(C) = \frac{1}{8}$. Berechnen Sie die Wahrscheinlichkeiten der folgenden Ereignisse.

(a) $\overline{B}$

(b) $B \cup C$

(c) $A \cup B \cup C$

(d) $\overline{A \cup B}$

•• **10.** Um von O nach P zu gelangen, bewegt sich ein Mann mit einer Wahrscheinlichkeit von jeweils 50 % nach oben oder nach rechts, sofern er die Wahl hat. Nach links bzw. unten läuft er nie. Mit welcher Wahrscheinlichkeit verläuft sein Weg durch Q?

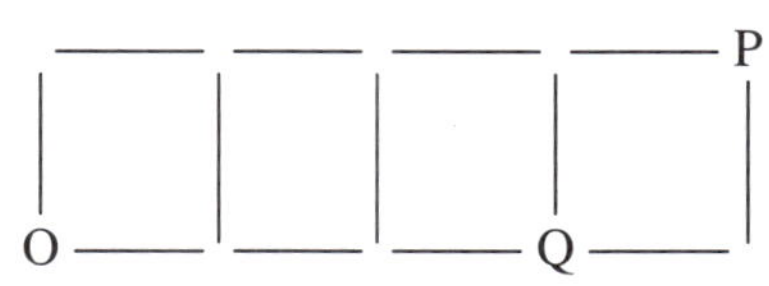

•• **11.** Zwei Fußballspieler schießen jeweils einmal auf eine Torwand. Das Ergebnis A bedeutet, dass der erste Spieler trifft. Das Ereignis B bedeutet, dass der zweite Spieler trifft. Interpretieren Sie die folgenden Ereignisse in Worten.

(a) $A \cap \overline{B}$

(b) $B \cap \overline{A}$

(c) $(A \setminus B) \cup (B \setminus A)$

(d) $\overline{A \cup B}$

••• **12.** Begründen Sie, ob Tim's Aussagen richtig oder falsch sind.

(a) Tim: „Die Ereignisse A, B und C eines Zufallsexperiments haben keine gemeinsamen Elemente. Ihre Wahrscheinlichkeiten betragen $P(A) = 0{,}6$, $P(B) = 0{,}3$ und $P(C) = 0{,}2$."

(b) Alle Züge, die mindestens 5 Minuten nach der angekündigten Uhrzeit am Bahnhof eintreffen, gelten als verspätet. Tim: „Die Wahrscheinlichkeit, dass mein Zug mindestens 30, 60 bzw. 90 Minuten zu spät kommt, beträgt 25 %, 10 % bzw. 5 %. Also beträgt die Wahrscheinlichkeit für eine Verspätung 40 %."

(c) In einem Lostopf liegt je ein Los mit der Nummer 1, 2 und 3. Ein Los wird zufällig gezogen. Tim: „Es gibt insgesamt 3 mögliche Ereignisse."

••• **13.** In einer Urne liegen 7 schwarze Kugeln mehr als rote Kugeln. Wie viele Kugeln müssen sich mindestens in der Urne befinden, damit die Wahrscheinlichkeit, eine schwarze Kugel zu ziehen, bei höchstens 60 % liegt?

1.3 Mehrstufige Zufallsexperimente

Sobald wir eine gewisse Aktion (z.B. Wurf eines Würfels) mehrmals, oder auch mehrere verschiedene Aktionen hintereinander durchführen, haben wir es mit einem *mehrstufigen* Zufallsexperiment zu tun.

Beispiel

Geben Sie für die folgenden Zufallsexperimente die Menge und die Anzahl aller möglichen Ergebnisse sowie ein Beispiel für ein Ergebnis an.

(a) zweimaliger Wurf eines Würfels

(b) dreimaliger Wurf einer Münze

Lösung

(a) $\Omega = \{11, 12, \ldots, 16, 21, \ldots, 26, \ldots, 61, \ldots, 66\}$, $|\Omega| = 36$, z.B. $\omega = 24$

(b) $\Omega = \{\text{KKK, KKZ, KZK, KZZ, ZKK, ZKZ, ZZK, ZZZ}\}$, $|\Omega| = 8$, z.B. $\omega = \text{KKZ}$

Vor allem bei mehrstufigen Zufallsexperimenten lohnt sich die Darstellung mit Hilfe eines *Baumdiagramms*. Indem wir das Experiment in seine Einzelteile zerlegen, können wir alle möglichen Versuchsausgänge inklusive der Wahrscheinlichkeiten für jeden einzelnen Schritt veranschaulichen.

Liegt ein Laplace-Experiment vor, in dem die einzelnen Schritte gleich wahrscheinlich sind, können wir Äste des Baumdiagramms zusammenfassen. Denn ziehen wir eine Kugel aus einer Urne mit 2 weißen und 3 schwarzen Kugeln, so wissen wir, dass die Wahrscheinlichkeit, eine bestimmte Kugel zu ziehen, bei $\frac{1}{5}$ liegt. Dann ergibt sich daraus automatisch P(„weiß“) = $\frac{2}{5}$ und P(„schwarz“) = $\frac{3}{5}$.

Beispiel

In einer Urne liegen 2 weiße und 3 schwarze Kugeln. Wir ziehen drei Kugeln ohne Zurücklegen und notieren nacheinander die gezogenen Kugeln. Zeichnen Sie ein Baumdiagramm und geben Sie die Ereignisse A = „dreimal schwarz“ und B = „genau einmal schwarz“ in Mengenschreibweise an.

Lösung

Baumdiagramm siehe Abb. 1.4. $\Omega = \{\text{wws, wsw, wss, sww, sws, ssw, sss}\}$, $|\Omega| = 7$.
Ereignisse A = {sss}, B = {wws, wsw, sww}.

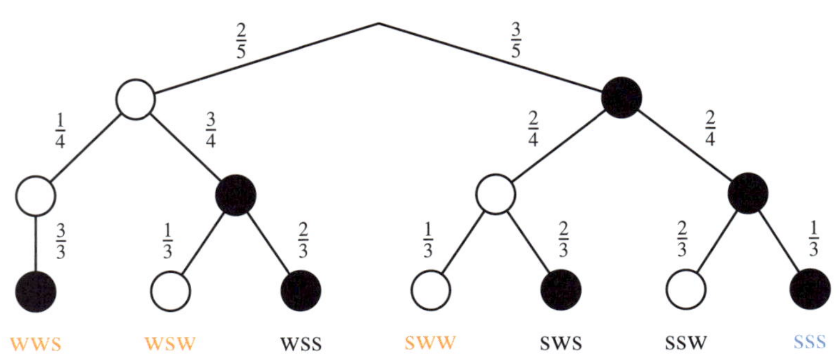

Abb. 1.4: Baumdiagramm zum gegebenen Beispiel

Um bei mehrstufigen Zufallsexperimenten Wahrscheinlichkeiten bestimmter Ereignisse berechnen zu können, lassen sich zwei Regeln im Baumdiagramm anwenden. Wir führen diese an demselben Beispiel vor.

1. Pfadregel
Entlang eines Pfades werden die Wahrscheinlichkeiten *multipliziert* (Abb. 1.5).

Beispiel

Berechnen Sie die Wahrscheinlichkeit für das Ereignis A = „dreimal schwarz".

Lösung

1. Pfadregel: $P(A) = P(sss) = \frac{3}{5} \cdot \frac{2}{4} \cdot \frac{1}{3} = \frac{1}{10}$

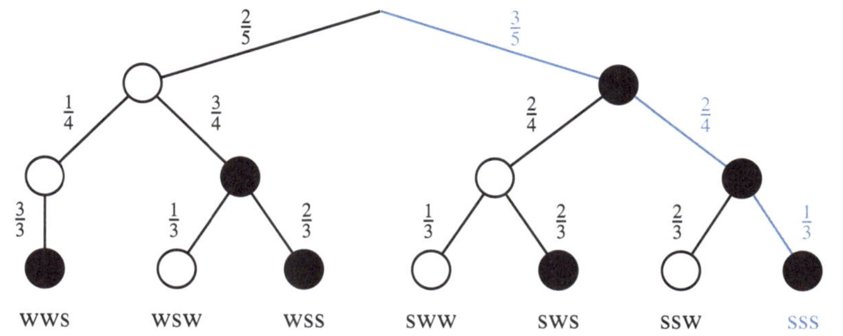

Abb. 1.5: Veranschaulichung der 1. Pfadregel

2. Pfadregel
Die Wahrscheinlichkeiten verschiedener Pfade werden *addiert* (Abb. 1.6).

Beispiel

Berechnen Sie die Wahrscheinlichkeit für das Ereignis B = „genau einmal schwarz".

Lösung

2. Pfadregel: $P(B) = P(wws) + P(wsw) + P(sww) = \frac{2}{5} \cdot \frac{1}{4} \cdot \frac{3}{3} + \frac{2}{5} \cdot \frac{3}{4} \cdot \frac{1}{3} + \frac{3}{5} \cdot \frac{2}{4} \cdot \frac{1}{3} = \frac{1}{10} + \frac{1}{10} + \frac{1}{10} = \frac{3}{10}$

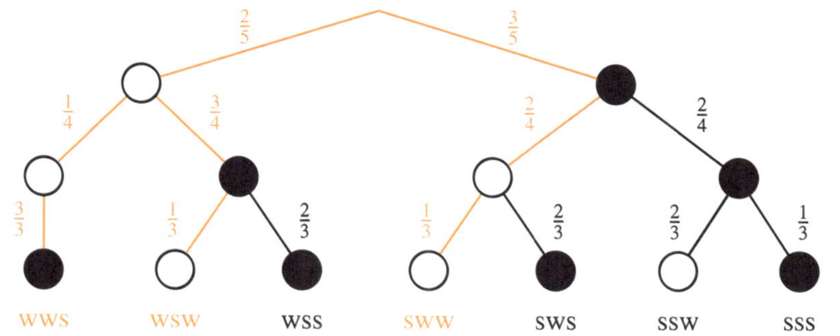

Abb. 1.6: Veranschaulichung der 2. Pfadregel

Theorie & Aufgaben

Drei-Mindestens-Aufgabe

In vielen Fällen ist es interessant zu wissen, wie oft wir ein Zufallsexperiment durchführen müssen, damit ein bestimmtes Ereignis (mindestens) einmal eintritt. Eine absolute Sicherheit dafür, dass dies nach einer gewissen Anzahl von Versuchen wirklich passiert, haben wir nie. Wir sind jedoch in der Lage anzugeben, wie oft wir das Experiment wiederholen müssen, damit das Ereignis *mit einer bestimmten Sicherheit* (z.B. 90 %, 95 %, etc.) eintritt.

Beispiel

Wie oft muss man einen Würfel mindestens werfen, damit er mit einer Wahrscheinlichkeit von mindestens 95 % mindestens einmal eine Sechs anzeigt?

Lösung

Um die Wahrscheinlichkeit P(A) des Ereignisses A = „mindestens einmal eine Sechs bei n Würfen" zu berechnen, müssen wir das Gegenereignis $\overline{A}$ = „keine Sechs bei n Würfen" betrachten:

$$P(A) = 1 - P(\overline{A}) = 1 - \left(\tfrac{5}{6}\right)^n \geq 0{,}95 \qquad | + \left(\tfrac{5}{6}\right)^n - 0{,}95$$

$$0{,}05 \geq \left(\tfrac{5}{6}\right)^n \qquad | \log_{\frac{5}{6}}()$$

$$\log_{\frac{5}{6}} 0{,}05 \leq n$$

$$16{,}43 \leq n$$

Der Würfel muss also mindestens 17-mal geworfen werden. *Hinweis:* Wird der Logarithmus mit einer Basis zwischen 0 und 1 angewendet, dann dreht sich das Ungleichheitszeichen um!

In einem praktischen Versuch, bei dem ein Würfel so lange geworfen wird, bis eine 6 erscheint, wird obige Rechnung bestätigt. Die Ergebnisse dieses Versuchs sind in der Tabelle dokumentiert.

Nr.	Würfe	Nach n Würfen Ziel erreicht?			
		$n = 4$	$n = 9$	$n = 13$	$n = 17$
1	**6**	ja	ja	ja	ja
2	15532325**6**		ja	ja	ja
3	**6**	ja	ja	ja	ja
4	552**6**	ja	ja	ja	ja
5	432**6**	ja	ja	ja	ja
6	**6**	ja	ja	ja	ja
7	5**6**	ja	ja	ja	ja
8	251225313355**6**			ja	ja
9	1**6**	ja	ja	ja	ja
10	21134**6**		ja	ja	ja
11	35234**6**		ja	ja	ja
12	44355**6**		ja	ja	ja
13	5**6**	ja	ja	ja	ja
14	5144323244521115**6**				ja
15	33341425513435**6**				ja
16	**6**	ja	ja	ja	ja
17	2522142145**6**			ja	ja
18	3555443345241145145 2**6**				
19	4**6**	ja	ja	ja	ja
20	24**6**	ja	ja	ja	ja
absolute Häufigkeit		11	15	17	19
relative Häufigkeit		ca. 50 %	ca. 80 %	ca. 90 %	ca. 95 %

• **14.** Zeichnen Sie ein geeignetes Baumdiagramm und geben Sie die dazugehörige Ergebnismenge Ω für die folgenden Zufallsexperimente an.

(a) In einer Prüfung sind zwei Fragen zu beantworten. Bei jeder Frage kann ein Prüfling, der nicht gelernt hat, zufällig zwischen den Antwortmöglichkeiten a, b und c auswählen.

(b) In einer Urne liegen zwei schwarze und zwei weiße Kugeln. Es werden nacheinander drei Kugeln ohne Zurücklegen gezogen.

• **15.** Ein Würfel wird zweimal geworfen. Nach jedem Wurf wird die Augenzahl notiert. Stellen Sie die folgenden Ereignisse als Teilmengen der Ergebnismenge Ω dar und berechnen Sie ihre Wahrscheinlichkeit.

A = „Die Augensumme ist 4."
B = „Die Augensumme ist höchstens 4."
C = „Die Augensumme ist mindestens 10."
D = „Das Produkt der Augenzahlen ist 4."
E = „Die Differenz der Augenzahlen ist 2."
F = „Der Quotient der Augenzahlen ist 3."

• **16.** Wir werfen eine Münze viermal.

(a) Wie viele Elemente umfasst die Ergebnismenge?

(b) Geben Sie die folgenden Ereignisse in Mengenschreibweise an und berechnen Sie ihre Wahrscheinlichkeit.

A = „genau einmal Kopf"   B = „genau zweimal Zahl"   C = „mindestens einmal Zahl"

(c) (••) Wie oft muss man eine Münze mindestens werfen, damit sie mit einer Wahrscheinlichkeit von mindestens 96 % mindestens einmal „Kopf" anzeigt?

• **17.** In einer Urne liegen vier schwarze Kugeln und eine weiße Kugel. Wir ziehen drei Kugeln ohne Zurücklegen. Nach jedem Zug notieren wir dabei die Farbe der gezogenen Kugel.

(a) Stellen Sie den Sachverhalt in einem Baumdiagramm dar.

(b) Geben Sie eine geeignete Ergebnismenge an.

(c) Stellen Sie die folgenden Ereignisse als Menge dar und berechnen Sie ihre Wahrscheinlichkeit.

A = „im dritten Zug weiß"   B = „genau zweimal schwarz"   C = „im dritten Zug schwarz"

• **18.** Das nebenstehende Glücksrad mit fünf gleich großen Feldern wird zweimal gedreht.

(a) Mit welcher Wahrscheinlichkeit

(i) erhalten wir zweimal die 5?

(ii) sind beide Zahlen gerade?

(iii) ist die zweite Zahl kleiner als die erste?

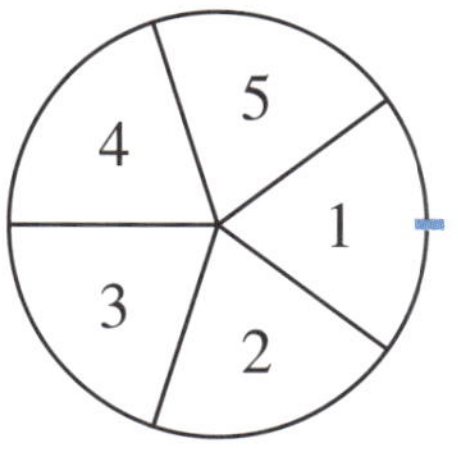

(b) Wie würden Sie das Glücksrad konstruieren, damit die Kombination 44 mit einer Wahrscheinlichkeit von 25 % geworfen wird?

Theorie & Aufgaben

Theorie & Aufgaben

•• **19.** Ein Autofahrer kann in zwei verschiedenen Parkhäusern parken. Er weiß, dass das erste Parkhaus in 80 % aller Fälle (Ereignis A) und das zweite in 65 % aller Fälle (Ereignis B) noch freie Plätze hat. Drücken Sie die folgenden Ereignisse durch die Mengen A und B aus und berechnen Sie ihre Wahrscheinlichkeit.

(a) In beiden Parkhäusern gibt es freie Plätze.

(b) Weder das erste noch das zweite Parkhaus hat freie Plätze.

Formulieren Sie nun die folgenden Ereignisse in Worten und berechnen Sie ihre Wahrscheinlichkeit.

(c) $A \cup B$

(d) $(A \cup B) \setminus (A \cap B)$

•• **20.** Ein Fußballspieler schießt so lange Elfmeter, bis er zweimal getroffen hat, maximal schießt er viermal. Es ist bekannt, dass er das Tor mit einer Wahrscheinlichkeit von 80 % trifft.

(a) Erstellen Sie ein geeignetes Baumdiagramm und berechnen Sie die Wahrscheinlichkeiten der folgenden Ereignisse.

A = „kein Treffer"

B = „genau ein Treffer"

C = „genau zwei Treffer"

D = „zwei Treffer hintereinander"

(b) Wie oft muss er mindestens schießen, damit er mit einer Wahrscheinlichkeit von wenigstens 99 % mindestens einmal trifft?

•• **21.** Ein Schüler nimmt an einer Prüfung mit Multiple-Choice-Fragen teil, die jeweils 4 Antwortmöglichkeiten haben. Da er sich nicht vorbereitet hat, muss er raten.

(a) Mit welcher Wahrscheinlichkeit hat er von 5 Fragen mindestens eine richtig?

(b) Wie viele Fragen muss er mindestens bearbeiten, damit er mit einer Wahrscheinlichkeit von mindestens 95 % mindestens eine Frage richtig beantwortet?

•• **22.** Tim würfelt zweimal mit einem Würfel. Er sagt: „Um die Wahrscheinlichkeit für die Augensumme 5 zu berechnen, muss ich nur wissen, welche Ergebnisse ich erhalten kann. Die Augensummen können Werte von 2 bis 12 annehmen, das sind genau 11 verschiedene Ergebnisse. Nach der Laplace-Wahrscheinlichkeit erhalte ich dann einen Wert von $\frac{1}{11}$." Hat Tim Recht? Bewerten Sie seine Aussage.

•• **23.** Ein Mann kauft nur bei 80 % seiner Zugfahrten ein Ticket. In 5 % aller Fahrten wird kontrolliert.

(a) Berechnen Sie die Wahrscheinlichkeit, dass der Mann ohne Ticket fährt und kontrolliert wird.

(b) Wie oft muss er mindestens fahren, damit er mit einer Wahrscheinlichkeit von mindestens 90 % mindestens einmal beim Schwarzfahren erwischt wird?

•• **24.** Denken Sie sich ein zweistufiges Zufallsexperiment aus, dessen Ergebnismenge genau

(a) 144

(b) 132

Elemente umfasst.

•• **25.** In einem Unternehmen arbeiten 48 % Männer und 52 % Frauen. Für die Beschäftigten bietet das Unternehmen Sportkurse an. Der Anteil der Männer, die diese Sportkurse besuchen, liegt bei 35 %. Insgesamt besuchen 27,2 % aller Beschäftigten die Sportkurse.

(a) Interpretieren Sie die Wahrscheinlichkeit $0{,}48 \cdot 0{,}65 = 0{,}312$ im Sachzusammenhang.

(b) Bestimmen Sie, wie groß der Anteil unter den Frauen ist, die Sportkurse besuchen.

(c) Für eine Untersuchung werden aus dem Unternehmen vier Beschäftigte zufällig ausgewählt. Mit welcher Wahrscheinlichkeit befinden sich unter ihnen genau drei Männer?

••• **26.** In einer Klasse sind 25 Schüler. (Wir gehen davon aus, dass die Geburtenraten in den einzelnen Monaten gleich wahrscheinlich sind.)

(a) Wie groß ist die Wahrscheinlichkeit, dass

(i) ein zufällig ausgewählter Schüler im Juli Geburtstag hat?

(ii) kein Schüler im Juli Geburtstag hat?

(iii) mindestens ein Schüler im Juli Geburtstag hat?

(b) Interpretieren Sie den Wert

$$1 - \left(\frac{10}{12}\right)^{25}$$

im Sachzusammenhang.

(c) Wie viele Schüler müssen mindestens in der Klasse sein, damit die Wahrscheinlichkeit, dass kein Schüler im Juli Geburtstag hat, höchstens 10 % beträgt?

••• **27.** In zwei Urnen liegt jeweils die gleiche Zusammensetzung schwarzer und weißer Kugeln. Die Anzahl weißer Kugeln ist in jeder Urne um eins größer als die Anzahl schwarzer Kugeln. Zunächst wird eine Kugel aus der ersten Urne gezogen. Anschließend wird die gezogene Kugel in die zweite Urne gelegt und aus dieser eine weitere Kugel gezogen.

(a) Wie groß ist die Wahrscheinlichkeit, dass die gezogenen Kugeln unterschiedliche Farben haben, wenn in jeder Urne jeweils 3 schwarze Kugeln liegen?

(b) Nun ist die Anzahl schwarzer Kugeln unbekannt. Wie viele Kugeln liegen in den Urnen, wenn die Wahrscheinlichkeit, zwei unterschiedliche Kugeln zu ziehen, genau 48 % beträgt?

★ **28.** Zwei Agenten des Geheimdienstes planen zur Übergabe eines wichtigen Dokumentes ein gemeinsames Treffen an einer Parkbank. Sie haben vereinbart, dass beide unabhängig voneinander zu einer zufälligen Zeit zwischen 15:00 Uhr und 16:00 Uhr an dem abgemachten Ort eintreffen. Jeder Agent soll an der Parkbank jeweils genau 20 Minuten warten und dann den Ort wieder verlassen. Wie groß ist die Wahrscheinlichkeit, dass die Übergabe des Dokumentes stattfindet?

1.4 Kombinatorische Hilfsmittel

Um Wahrscheinlichkeiten zu berechnen, benötigen wir jeweils die Mächtigkeiten der Ergebnismenge Ω und die des entsprechenden Ereignisses. In einigen Fällen lassen sie sich durch systematisches Ausprobieren oder das Zeichnen eines Baumdiagramms bestimmen. Oftmals stoßen diese Verfahren jedoch an ihre Grenzen. Hier hilft nun die Kombinatorik.

Die meisten Zufallsexperimente lassen sich mit Hilfe des *Urnenmodells* anschaulich darstellen. Dabei befinden sich in einer Urne n Kugeln. Aus dieser ziehen wir eine *Stichprobe* mit k Kugeln heraus und notieren, welche wir gezogen haben. Dabei unterscheiden wir,

- ob eine Kugel nach dem Ziehen wieder zurückgelegt wird (*mit/ohne Zurücklegen*);
- ob die Reihenfolge der gezogenen Kugeln eine Rolle spielt (*mit/ohne Reihenfolge*).

Theorie & Aufgaben

Allgemeines Zählprinzip

Beispiel

Ein Restaurant bietet seinen Gästen ein Drei-Gänge-Menü an. Die Gäste können dieses aus **3** Vorspeisen, 5 Hauptgerichten und 2 Nachspeisen zusammenstellen. Wie viele verschiedene Menüs gibt es?

Lösung

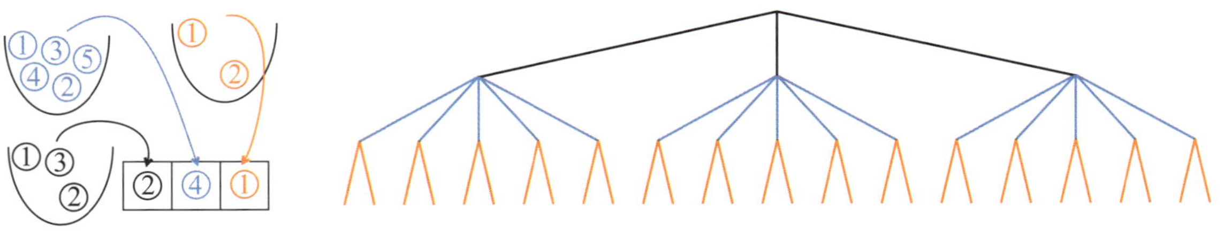

Insgesamt gibt es $\mathbf{3} \cdot 5 \cdot 2 = 30$ verschiedene Menüs.

Allgemeines Zählprinzip
Besteht ein Zufallsexperiment aus n Stufen mit jeweils m_k Möglichkeiten in der k-ten Stufe, so hat das Experiment $m_1 \cdot m_2 \cdot \ldots \cdot m_n$ mögliche Ergebnisse.

• **29.** Aus den 26 Buchstaben des Alphabets und den 10 Ziffern wird ein vierstelliger Code der Form Buchstabe-Ziffer-Ziffer-Buchstabe gebildet. Buchstaben und Ziffern dürfen auch mehrfach vorkommen.

(a) Welche dieser Codes können nach der obigen Regel gebildet werden? Welche dieser Codes werden als gleichwertig behandelt?

`A13P   3AP1   P13P   P13A`

(b) Wie viele Möglichkeiten gibt es, einen solchen Code zu bilden?

(c) Mit welcher Wahrscheinlichkeit enthält ein Code zwei Konsonanten?

Geordnete Stichprobe mit Zurücklegen

Urnenmodell

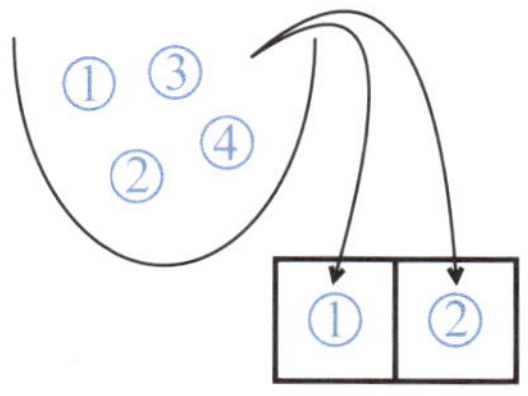

Formel

$|\Omega| = 4^2 = 16$

Ergebnismenge

11	12	13	14
21	22	23	24
31	32	33	34
41	42	43	44

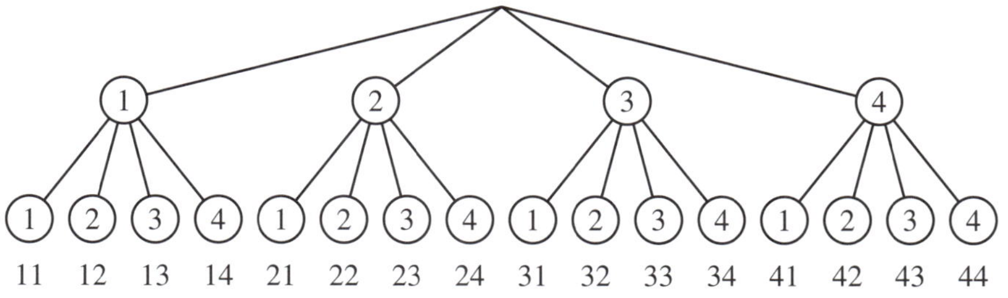

> **Geordnete Stichprobe mit Zurücklegen**
> Ziehen wir aus einer Urne mit n verschiedenen Kugeln k Kugeln mit Zurücklegen und unterscheiden wir hinsichtlich der Reihenfolge, dann gilt:
> $$|\Omega| = n^k$$

• **30.** Aus den 26 Buchstaben des Alphabets wird ein vierstelliger Code gebildet. Buchstaben dürfen auch mehrfach vorkommen.

(a) Welche dieser Codes können nach der obigen Regel gebildet werden? Welche dieser Codes werden als gleichwertig behandelt?

`AMUB   MABM   MMAM   BMAU`

(b) Wie viele Möglichkeiten gibt es, einen solchen Code zu bilden?

(c) Mit welcher Wahrscheinlichkeit besteht ein Code nur aus Konsonanten?

••• **31.** Viele Passwörter werden aufgrund der geringen Zeichenlänge problemlos von Angreifern geknackt.

(a) Wie viele Passwörter lassen sich aus den 26 deutschen Großbuchstaben (ohne Umlaute) bilden, wenn sie genau 7 Stellen haben sollen?

(b) Wie lange würde ein Computer zum Knacken eines Passwortes aus Teilaufgabe (a) maximal benötigen, wenn er 1 Milliarde Passwörter pro Sekunde prüfen könnte?

(c) Damit ein Passwort als sicher gilt, sollte ein derartiger Computer mindestens ein Jahr benötigen, damit er es knacken kann. Aus wie vielen Zeichen muss es mindestens bestehen, wenn man Kleinbuchstaben und Ziffern im Passwort ebenfalls erlaubt?

(d) Machen Sie einen alternativen Vorschlag für ein sicheres Passwort.

Geordnete Stichprobe ohne Zurücklegen

Fakultät
Für ganze Zahlen $n \geq 0$ ist die *Fakultät* gegeben durch:

$$n! = n \cdot (n-1) \cdot \ldots \cdot 1 \text{ für } n \geq 1$$
$$0! = 1$$

Zur Berechnung der Fakultät gibt es im Taschenrechner meist die Taste `n!` oder `x!`.

Urnenmodell

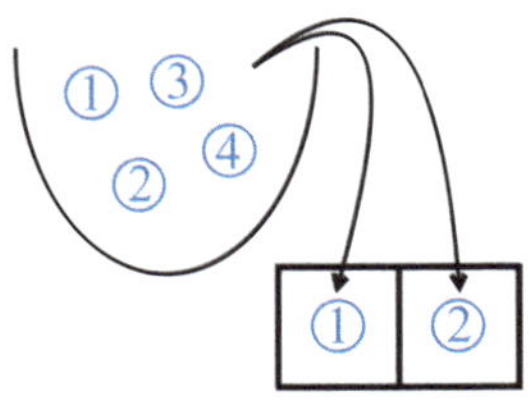

Formel

$$|\Omega| = \frac{4!}{(4-2)!} = 12$$

Ergebnismenge

	12	13	14
21		23	24
31	32		34
41	42	43	

Wir haben n Möglichkeiten, die erste Kugel zu ziehen. Für die zweite Kugel haben wir $n-1$ Möglichkeiten, für die k-te Kugel $n-k+1$ Möglichkeiten. Somit erhalten wir

$$|\Omega| = n \cdot (n-1) \cdot \ldots \cdot (n-k+1) = \frac{n \cdot (n-1) \cdot \ldots \cdot (n-k+1) \cdot (n-k) \cdot (n-k-1) \cdot \ldots \cdot 1}{(n-k) \cdot (n-k-1) \cdot \ldots \cdot 1} = \frac{n!}{(n-k)!}.$$

Geordnete Stichprobe ohne Zurücklegen
Ziehen wir aus einer Urne mit n verschiedenen Kugeln k Kugeln ohne Zurücklegen ($k \leq n$) und unterscheiden wir hinsichtlich der Reihenfolge, dann gilt:

$$|\Omega| = \frac{n!}{(n-k)!}$$

Der Ausdruck $\frac{n!}{(n-k)!}$ wird auch *k-Permutation* einer n-Menge genannt. Zur Berechnung der k-Permutation gibt es im Taschenrechner meist die Taste `nPr`.

32. Berechnen Sie ohne bzw. mit Taschenrechner.

(a) $\frac{5!}{3!}$ (b) $\frac{7!}{(7-2)!}$ (c) $\frac{2! \cdot 2!}{4!}$ (d) $\frac{8!}{5! \cdot 3!}$ (e) $\frac{6!}{4! \cdot 2!}$ (f) $3!!$

33. Aus den 26 Buchstaben des Alphabets wird ein vierstelliger Code gebildet. Sobald ein Buchstabe einmal gewählt wurde, steht er anschließend nicht mehr zur Verfügung.

(a) Welche dieser Codes können nach der obigen Regel gebildet werden? Welche dieser Codes werden als gleichwertig behandelt?

`AMUB MABM MMAM BMAU`

(b) Wie viele Möglichkeiten gibt es, einen solchen Code zu bilden?

(c) Mit welcher Wahrscheinlichkeit besteht ein Code nur aus Konsonanten?

Ungeordnete Stichprobe ohne Zurücklegen

> **Binomialkoeffizient**
> Für ganze Zahlen $k \geq 0$, $n \geq k$ ist der *Binomialkoeffizient* $\binom{n}{k}$ gegeben durch
> $$\binom{n}{k} = \frac{n!}{k! \cdot (n-k)!}$$

Zur Berechnung des Binomialkoeffizienten gibt es im Taschenrechner meist die Taste `nCr`.

Urnenmodell

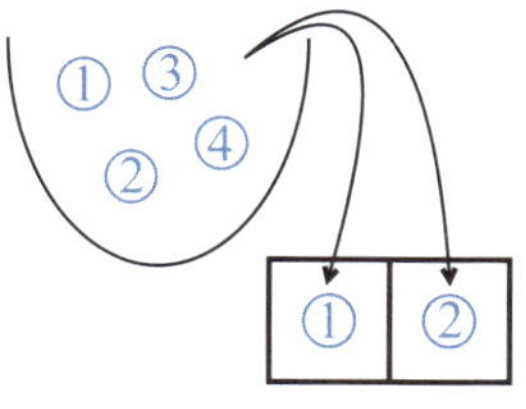

Formel

$$|\Omega| = \binom{4}{2} = 6$$

Ergebnismenge

	12	13	14
		23	24
			34

Würden wir die Reihenfolge berücksichtigen, dann hätten wir $|\Omega| = \frac{n!}{(n-k)!}$ Möglichkeiten, die Kugeln zu ziehen. Es würde zwischen den Kombinationen $1234\ldots k$, $2134\ldots k$, $1324\ldots k$ etc. unterschieden, von denen es genau $k!$ gibt (geordnete Stichprobe ohne Zurücklegen). Da die Stichprobe aber ungeordnet ist, fallen diese Möglichkeiten alle zusammen. Somit erhalten wir

$$|\Omega| = \frac{n!}{k! \cdot (n-k)!} = \binom{n}{k}.$$

> **Ungeordnete Stichprobe ohne Zurücklegen**
> Ziehen wir aus einer Urne mit n verschiedenen Kugeln k Kugeln ohne Zurücklegen ($k \leq n$) und unterscheiden wir nicht hinsichtlich der Reihenfolge, dann gilt:
> $$|\Omega| = \binom{n}{k}$$

Hinweis: Die gleiche Formel verwenden wir, wenn wir in ein Schubfach mit n (hier: 4) Kästchen k nicht unterscheidbare Kugeln (hier: 2) verteilen.

34. Berechnen Sie ohne bzw. mit Taschenrechner.

(a) $\binom{5}{2}$ (b) $\binom{3}{3}$ (c) $\binom{8}{4}$ (d) $\binom{2}{0}$ (e) $\binom{7}{3}$ (f) $\binom{5}{4}$

35. Aus den 26 Buchstaben des Alphabets wird eine aus 4 Buchstaben bestehende *Auswahl* gebildet. Darin darf jeder Buchstabe nur einmal vorkommen.

(a) Welche dieser Auswahlen können nach der obigen Regel gebildet werden? Welche dieser Auswahlen werden als gleichwertig behandelt?

`AMUB   MABM   MMAM   BMAU`

(b) Wie viele Möglichkeiten gibt es, eine solche Auswahl zu bilden?

(c) Mit welcher Wahrscheinlichkeit besteht die Auswahl nur aus Konsonanten?

Ungeordnete Stichprobe mit Zurücklegen*

Urnenmodell

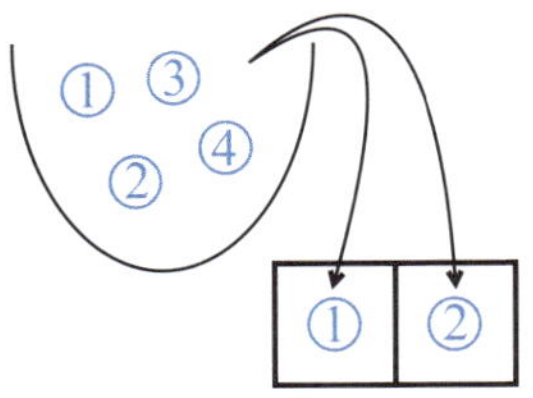

Formel

$$|\Omega| = \binom{4+2-1}{2} = 10$$

Ergebnismenge

11	12	13	14
	22	23	24
		33	34
			44

Ungeordnete Stichprobe mit Zurücklegen

Ziehen wir aus einer Urne mit n verschiedenen Kugeln k Kugeln mit Zurücklegen und unterscheiden wir nicht hinsichtlich der Reihenfolge, dann gilt:

$$|\Omega| = \binom{n+k-1}{k}$$

Gemischte Aufgaben

36. Entscheiden Sie für die folgenden Situationen, ob es sich jeweils um eine geordnete/ungeordnete Stichprobe mit/ohne Zurücklegen handelt.

(a) Auswahl der ersten fünf Schützen beim Elfmeterschießen im Fußball.

(b) Ein vierköpfiges Team aus Männern und Frauen wird zusammengestellt.

(c) Zehn Personen werden auf zehn Kinosessel verteilt.

(d) Beim Poker werden Karten auf die Spieler verteilt.

(e) Kandidaten scheiden nacheinander in einer Castingshow aus.

(f) Ein Würfel wird mehrmals nacheinander geworfen und die Augenzahl notiert.

(g) Fünf Wählerstimmen werden auf drei Kandidaten verteilt.

(h) Beim Lotto „6 aus 49" werden die Kugeln gezogen.

37. Ein Fahrrad ist mit einem Zahlenschloss gesichert, das aus vier drehbaren Rädchen mit jeweils 10 Ziffern besteht. Wie viele verschiedene Kombinationen gibt es für den Zahlencode?

38. Auf einem Konzert möchte eine Band nacheinander sieben verschiedene Lieder aus ihrem zwölf Lieder umfassenden Programm spielen. Auf wie viele verschiedene Arten kann sie dies tun?

39. Wie oft treffen zwei Gläser aufeinander, wenn sich

(a) 10 Freunde

(b) 100 Freunde

auf einer Party zuprosten und keiner einen Freund auslässt?

40. Im Tanzkurs einer Klasse sind zehn Jungen und zehn Mädchen. Auf wie viele Arten kann der Kurs gebildet werden, wenn ein Paar immer aus einem Mädchen und einem Jungen besteht?

• **41.** Eine Gruppe von sechs Touristen möchte sich vor einem Denkmal fotografieren lassen. Wie viele Fotos entstehen, wenn sich die Touristen in allen möglichen Personenzusammensetzungen aufstellen und dabei

(a) Zweiergruppen (b) Dreiergruppen (c) Vierergruppen

bilden?

• **42.** Aus einem Stapel mit Pokerkarten (→ Seite 134) werden nacheinander zwei Karten gezogen. Mit welcher Wahrscheinlichkeit haben die zwei Karten

(a) unterschiedliche Werte? (b) unterschiedliche Farben?

• **43.** Zwei weiße und acht schwarze Kugeln werden

(a) in einer Reihe (b) kreisförmig

angeordnet. Wie groß ist die Wahrscheinlichkeit, dass die weißen Kugeln genau nebeneinander liegen?

• **44.** Wie viele verschiedene Buchstabenfolgen kann man aus dem Wort FLASCHE durch Vertauschen der Buchstaben erhalten? Wie groß ist die Wahrscheinlichkeit, dass das erhaltene Wort die Folge SCH enthält?

• **45.** In einer Urne liegen 8 verschiedene Farbkugeln. Wir ziehen 9 Mal hintereinander eine Kugel heraus, notieren ihre Farbe und legen sie wieder zurück. Wie viele Farbkombinationen sind möglich: 8^9 oder 9^8?

•• **46.** Ein Würfel wird sechsmal geworfen. Wie groß ist die Wahrscheinlichkeit, dass alle Zahlen unterschiedlich sind?

•• **47.** Es ist je ein Buchstabe der Sorten A, E, I, M, N, S und T gegeben. Aus diesen bilden wir nun ein dreistelliges Wort. Wie viele Buchstabenfolgen sind möglich, wenn

(a) keine Einschränkungen vorliegen?
(b) das Wort nur aus Konsonanten besteht?
(c) das Wort mit einem N beginnt?
(d) das Wort den Buchstaben N enthält?

•• **48.** In einer Urne liegen acht Kugeln, die mit den Zahlen 1 bis 8 nummeriert sind. Wir ziehen nacheinander drei Kugeln ohne Zurücklegen und notieren ihre Nummern.

(a) Wie viele Kombinationen können aus diesen drei Kugeln entstehen?
(b) Wie viele Kombinationen enthalten nur gerade Zahlen?
(c) Wie viele Kombinationen haben höchstens die Quersumme 7?

•• **49.** Aus einem Stapel mit Pokerkarten (→ Seite 134) werden nacheinander 5 Karten ohne Zurücklegen gezogen und jeweils notiert. Mit welcher Wahrscheinlichkeit

(a) ist keine Karte der Farbe Herz enthalten?
(b) ist mindestens ein Bube enthalten?
(c) ist die höchste Karte eine Dame?
(d) sind alle Karten von einer Farbe?

•• **50.** In einem U-Bahn-Waggon sitzen 46 Personen, von ihnen haben sechs kein gültiges Ticket. Ein Schaffner kontrolliert zufällig zwei Personen. Mit welcher Wahrscheinlichkeit ist mindestens ein Schwarzfahrer unter ihnen?

51. Wir werfen einen Würfel viermal und notieren nacheinander die Augenzahl. Tim sagt: „Die Wahrscheinlichkeit des Ereignisses A, dass im dritten Wurf zum ersten Mal die Augenzahl 6 erscheint, lässt sich durch den Ansatz $P(A) = \frac{5 \cdot 5 \cdot 1 \cdot 6}{6^4} = \frac{25}{216}$ berechnen.“ Hat er Recht? Begründen Sie.

52. Eine Münze wird 7-mal geworfen. Geben Sie jeweils ein Ereignis an, das die folgende Anzahl an Möglichkeiten hat.

(a) $\binom{7}{3}$ (b) $\binom{7}{5} + \binom{7}{6} + \binom{7}{7}$ (c) 2^6 (d) $2^7 - \binom{7}{4}$

53. Tim geht in die Eisdiele. Dort gibt es 12 Eissorten. Tim stellt sich einen Eisbecher mit 3 Kugeln zusammen. Er sagt: „Da ich eine bereits gewählte Eiskugel nicht mehr zurücklegen kann, habe ich eine ungeordnete Stichprobe ohne Zurücklegen. Insgesamt hätte ich also $\binom{12}{3}$ Möglichkeiten, meinen Eisbecher zusammenzustellen.“ Hat Tim Recht? Diskutieren Sie!

54. Zum leichteren Scannen seiner Ware möchte ein Händler seine Artikel mit einem graphischen Code ausstatten (Abb. 1.7a). Die einzelnen Pixel müssen dabei entweder schwarz oder weiß sein.

(a) Wie viele verschiedene Artikel kann der Händler mit einem eindeutigen Code im unten angegebenen Format (4×4 Pixel) ausstatten?

(b) Aus wie vielen Pixeln müsste der Code mindestens bestehen, um 9 Milliarden Artikel zu speichern?

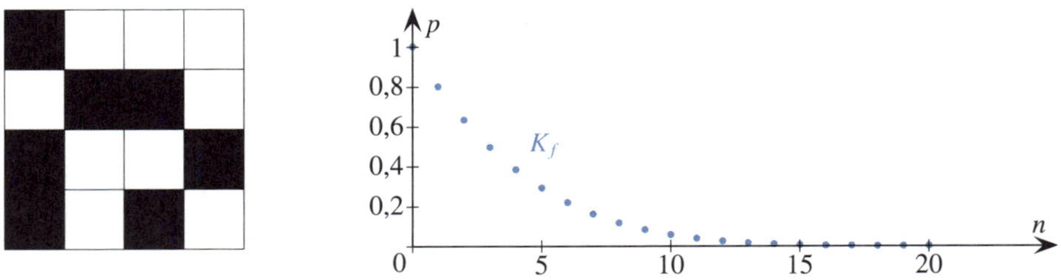

(a) Aufgabe 54 (b) Aufgabe 55

Abb. 1.7: Schaubilder

55. Ein Unternehmen erhält Lieferungen von Äpfeln in Kisten mit je 25 Einheiten. Stichprobenartig werden aus einer Kiste vier Äpfel gegriffen. Sind alle Äpfel in Ordnung, wird die Kiste angenommen.

(a) Mit welcher Wahrscheinlichkeit wird eine Kiste angenommen, wenn in der Regel 20 % aller Äpfel der Kiste nicht in Ordnung sind?

(b) In Abb. 1.7b ist für $n \in \{0, 1, \ldots, 20\}$ der Verlauf einer Funktion f mit $f(n) = \frac{\binom{20}{n}}{\binom{25}{n}}$ dargestellt. Interpretieren Sie die Bedeutung von f und den Verlauf des Schaubilds im Sachzusammenhang.

(c) Wie viele Äpfel dürfen maximal aus der Kiste genommen werden, damit die Wahrscheinlichkeit, eine Kiste fälschlicherweise anzunehmen, bei über 60 % liegt?

56. Ein Würfel wird genau viermal geworfen. Geben Sie jeweils ein Ereignis an, das die folgende Wahrscheinlichkeit hat.

(a) $\frac{5}{6}$ (b) $\left(\frac{5}{6}\right)^4$ (c) $\frac{6 \cdot 5 \cdot 4 \cdot 3}{6^4}$ (d) $\frac{6}{6^4}$

57. In einer Schulklasse sind 23 Schüler. Wie groß ist die Wahrscheinlichkeit, dass mindestens zwei von ihnen am gleichen Tag Geburtstag haben? Dabei werden Schaltjahre nicht berücksichtigt.

••• **58.** Wie viele Teiler hat die Zahl 1 000 000? *Tipp: Die Zahl 10 hat nur die Teiler 2 und 5.*

••• **59.** Beim Lotto „6 aus 49“ werden nacheinander 6 Kugeln aus einer großen Schüssel mit 49 verschiedenen Kugeln gezogen. Die Reihenfolge ist dabei irrelevant.

(a) Wie viele Möglichkeiten gibt es insgesamt, 6 aus 49 Kugeln zu ziehen?

(b) Begründen Sie, warum es insgesamt genau $\binom{6}{4} \cdot \binom{43}{2}$ Möglichkeiten gibt, 4 Richtige zu erhalten. Wie groß ist dann die Wahrscheinlichkeit, 4 Richtige zu haben?

(c) Berechnen Sie nun auch die Wahrscheinlichkeiten für 0, 1, 2, 3, 5 und 6 Richtige.

••• **60.** Jede natürliche Zahl bis 127 lässt sich mit Hilfe eines siebenstelligen Binärcodes aus den Ziffern 0 und 1 schreiben. Dabei werden die Ziffern auf Schubfächer verteilt, die den Zweierpotenzen entsprechen, z.B.:

$$77 = \underbrace{1}_{\cdot 2^6}\ \underbrace{0}_{\cdot 2^5}\ \underbrace{0}_{\cdot 2^4}\ \underbrace{1}_{\cdot 2^3}\ \underbrace{1}_{\cdot 2^2}\ \underbrace{0}_{\cdot 2^1}\ \underbrace{1}_{\cdot 2^0} = 2^6 + 2^3 + 2^2 + 2^0 = \underline{1001101}_2$$

(a) Welchem Binärcode entspricht die Zahl 99?

(b) Welcher Zahl entspricht der Binärcode $\underline{0010001}_2$?

(c) Wie viele Zahlen lassen sich durch zwei Nullen und fünf Einsen darstellen?

(d) Mit welcher Anzahl an Einsen können wir am meisten Zahlen darstellen?

(e) Wie viele Stellen müsste ein Binärcode haben, damit er Zahlen bis zu einer Milliarde darstellen kann?

••• **61.** Beim Spiel „Kniffel“ werden fünf Würfel gleichzeitig geworfen. Berechnen Sie die Wahrscheinlichkeit, dass man sofort das folgende Ergebnis erhält. *Hinweis: Die Beschreibung der einzelnen Wertungen ist auf Seite 134 nachzulesen.*

(a) einen Fünferpasch

(b) einen Viererpasch

(c) ein Full House

(d) einen Dreierpasch

(e) zwei Paare

(f) genau ein Paar

★ **62.** Beim Pokerspiel ist es wichtig, die Wahrscheinlichkeit für gewisse „Hände“ berechnen zu können. Wir betrachten hier als Modell das übliche Blatt mit 52 Karten (13 Kartenwerte und 4 Farben) und einen Spieler, der 5 Karten erhält. Berechnen Sie mit Hilfe des Modells „Ungeordnete Stichprobe ohne Zurücklegen“ die Wahrscheinlichkeit, dass der Spieler folgendes Blatt erhält (und kein besseres!). *Hinweis: Die Beschreibung der einzelnen Wertungen ist auf Seite 134 nachzulesen.*

(a) einen Straight Flush

(b) einen Vierling

(c) ein Full House

(d) einen Flush

(e) einen Straight

(f) einen Drilling

(g) zwei Paare

(h) genau ein Paar

(i) keine dieser Wertungen

★ **63.** Begründen Sie, warum für die Ergebnismenge Ω bei einer ungeordneten Stichprobe mit Zurücklegen die Formel $|\Omega| = \binom{n+k-1}{k}$ gilt.

1.5 Additionssatz

In Abschnitt 1.2 wurde gezeigt, wie man die Wahrscheinlichkeit der Vereinigung zweier Ereignisse A und B berechnet, wenn diese keine gemeinsamen Elemente haben. Überschneiden sich die Ereignisse jedoch, dann gilt diese Formel nicht, da die Menge $A \cap B$ doppelt gezählt werden würde (Abb. 1.8a). Also müssen wir die Wahrscheinlichkeit dieses Ereignisses nachträglich abziehen. Anschaulich entspricht dies der Wegnahme einer Schraffierung aus der Schnittmenge (Abb. 1.8b). Dies führt uns zu den folgenden Zusammenhängen.

Additionssatz
Für beliebige Ereignisse A und B gilt:

(a) $|A \cup B| = |A| + |B| - |A \cap B|$

(b) $P(A \cup B) = P(A) + P(B) - P(A \cap B)$

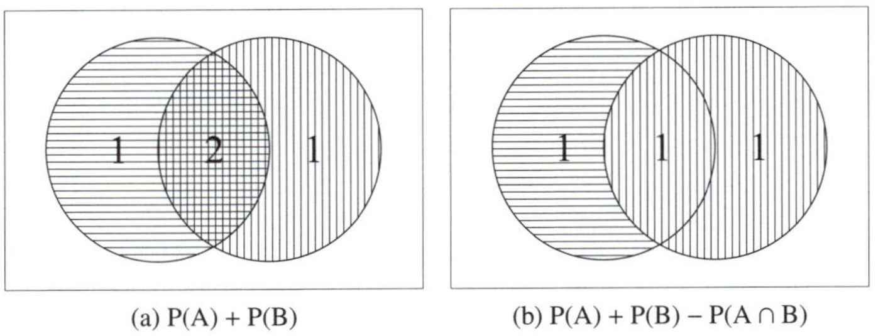

(a) $P(A) + P(B)$ (b) $P(A) + P(B) - P(A \cap B)$

Abb. 1.8: Graphische Erläuterung des Additionssatzes

64. Aus einem Set mit Pokerkarten (→ Seite 134) ziehen wir eine Karte. Mit welcher Wahrscheinlichkeit zeigt diese einen Buben oder die Farbe Karo?

65. Auf einem Tisch liegen verdeckte Kärtchen, die mit den natürlichen Zahlen von 1 bis 1 200 beschriftet sind. Zufällig ziehen wir ein Kärtchen. Mit welcher Wahrscheinlichkeit ist die gezogene Zahl

(a) durch 6 teilbar?

(b) durch 2 oder 3 teilbar?

(c) weder durch 2 noch durch 3 teilbar?

(d) entweder durch 2 oder 3 teilbar?

66. In einer Schulklasse mit 30 Schülern sind zwölf Schüler in einem Sportverein (Ereignis A), zehn Schüler spielen ein Musikinstrument (Ereignis B), wobei zwei von ihnen beides betreiben. Nun wird ein Schüler zufällig ausgewählt. Drücken Sie die folgenden Ereignisse durch die Mengen A und B aus, zeichnen Sie die Ereignisse jeweils in einem Mengendiagramm und geben Sie ihre Wahrscheinlichkeiten an.

(a) Der Schüler ist nicht in einem Sportverein.

(b) Der Schüler ist in einem Sportverein, spielt ein Musikinstrument oder betreibt beides.

Formulieren Sie nun die folgenden Ereignisse in Worten und berechnen Sie ihre Wahrscheinlichkeit.

(c) $\overline{A} \cap \overline{B}$

(d) $\overline{A} \cap B$

•• **67.** Eine Befragung von 500 Schülern ergab folgendes Ergebnis. 208 Schüler sind gut in Mathematik, 350 sind gut in Englisch, wobei 168 in beiden Fächern gut sind. Zwei Schüler machen Aussagen zu dieser Befragung.

- Tim sagt: „390 Schüler sind in Mathematik oder in Englisch gut."
- Sophie sagt: „222 Schüler sind entweder in Mathematik oder in Englisch gut."

Welche der Schüler haben Recht? Begründen Sie Ihre Antwort.

•• **68.** Es sind zwei Ereignisse A und B mit $P(A) = \frac{1}{2}$, $P(B) = \frac{1}{3}$ und $P(A \cap B) = \frac{1}{12}$ gegeben. Berechnen Sie die Wahrscheinlichkeiten der folgenden Ereignisse.

(a) $A \cup B$ (b) $\overline{A} \cup B$ (c) $A \cup \overline{B}$ (d) $\overline{A} \cap \overline{B}$ (e) $\overline{A} \cup \overline{B}$ (f) $A \setminus B$

•• **69.** Ein Autofahrer kommt auf der Fahrt zu seiner Arbeitsstelle an zwei Ampeln vorbei. Die Wahrscheinlichkeit, an der ersten Ampel zu stehen, beträgt 50 %. Die Wahrscheinlichkeit, an der zweiten Ampel zu stehen, beträgt 40 %. Mit einer Wahrscheinlichkeit von 80 % steht er an mindestens einer Ampel. Berechnen Sie die Wahrscheinlichkeit, dass der Autofahrer an

(a) keiner Ampel steht; (b) beiden Ampeln steht; (c) genau einer Ampel steht.

•• **70.** Welche dieser Formeln ist richtig, welche falsch? Begründen Sie.

(a) $P(A \cup B) = P(A) + P(B \setminus A)$

(b) $P(A \cup B) = P(B) + P(A \setminus B)$

(c) $P(A \cup B) = P(A \setminus B) + P(B \setminus A) + P(A \cap B)$

(d) $P(A \cup B) = 1 - P(\overline{A}) - P(\overline{B})$

•• **71.** Vergleichen Sie die folgenden Ereignisse jeweils mit Hilfe eines Mengendiagramms und interpretieren Sie Ihre Ergebnisse.

(a) $\overline{A \cup B}$ und $\overline{A} \cap \overline{B}$

(b) $\overline{A \cap B}$ und $\overline{A} \cup \overline{B}$

••• **72.** Es sind zwei Ereignisse A und B mit den Wahrscheinlichkeiten $P(A) = \frac{4}{5}$ und $P(B) = \frac{1}{2}$ gegeben.

(a) Zeigen Sie, dass gilt: $\frac{3}{10} \leq P(A \cap B) \leq \frac{1}{2}$. Geben Sie jeweils ein Beispiel an, in dem der obere bzw. untere Wert angenommen wird.

(b) Bestimmen Sie entsprechende Grenzen für $P(A \cup B)$.

••• **73.** In einer Urne liegen 20 Kugeln. Darunter sind blaue Kugeln, grüne Kugeln und zweifarbige Kugeln (blau und grün). Wir ziehen eine Kugel. Die Wahrscheinlichkeit, eine Kugel zu erhalten, welche die Farbe grün enthält, beträgt $\frac{2}{5}$. Die Wahrscheinlichkeit, eine einfarbige Kugel zu erhalten, beträgt $\frac{3}{4}$. Wie viele Kugeln der einzelnen Sorten liegen in der Urne?

★ **74.** Auch für drei beliebige Ereignisse A, B und C gibt es einen Additionssatz (*Siebformel*):

$$P(A \cup B \cup C) = P(A) + P(B) + P(C) - P(A \cap B) - P(A \cap C) - P(B \cap C) + P(A \cap B \cap C)$$

(a) Zeigen Sie, dass diese Siebformel gilt.

(b) Es sind alle ganzen Zahlen von 1 bis 10 000 gegeben. Berechnen Sie die Wahrscheinlichkeit, dass eine zufällig herausgegriffene Zahl durch 3 oder 5 oder 7 teilbar ist.

1.6 Bedingte Wahrscheinlichkeiten

Spielen wir ein Kartenspiel, so liegt uns mit den ausgeteilten Karten eine bestimmte Gewinnwahrscheinlichkeit vor. Blicken wir unserem Gegner in die Karten, so verfügen wir über eine Zusatzinformation, die unsere Gewinnwahrscheinlichkeit in der Regel verändert. Derartige Wahrscheinlichkeiten nennen wir *bedingt*. Wir können sie wahlweise mit einem Baumdiagramm oder einer *Vierfeldertafel* berechnen. Beim Baumdiagramm sind bestimmte bedingte Wahrscheinlichkeiten direkt an den Ästen abzulesen. Mit Hilfe der Vierfeldertafel können sie sich leicht berechnen lassen.

Bedingte Wahrscheinlichkeit

Es sind zwei Ereignisse A und B gegeben, wobei $P(B) > 0$. Die *bedingte Wahrscheinlichkeit* des Ereignisses A unter der Bedingung B ist gegeben durch die Formel:

$$P_B(A) = \frac{P(A \cap B)}{P(B)}$$

Vorwissen (Bedingung) → B

Formulierungen, um B zu erkennen: wenn bekannt ist... | falls... | wenn...

Beispiel

In einer Urne liegen 2 weiße und 2 schwarze Kugeln. Wir ziehen zwei Kugeln ohne Zurücklegen und notieren nacheinander die Farbe der gezogenen Kugel. Wie groß ist die Wahrscheinlichkeit, dass im zweiten Zug eine weiße Kugel gezogen wird, falls bereits im ersten Zug eine weiße Kugel gezogen wurde?

Lösung

Zunächst führen wir zwei Ereignisse ein: A = „zweite Kugel weiß“, B = „erste Kugel weiß“. Wenn wir im ersten Zug eine weiße Kugel ziehen, dann liegt vor dem zweiten Zug eine weiße Kugel weniger in der Urne. Somit erhalten wir $P_B(A) = \frac{1}{3}$. Die Aufgabe können wir auf zweierlei Arten visuell darstellen. Im Baumdiagramm sind bereits bestimmte bedingte Wahrscheinlichkeiten enthalten.

Darstellungsmöglichkeit 1: Baumdiagramm

allgemein

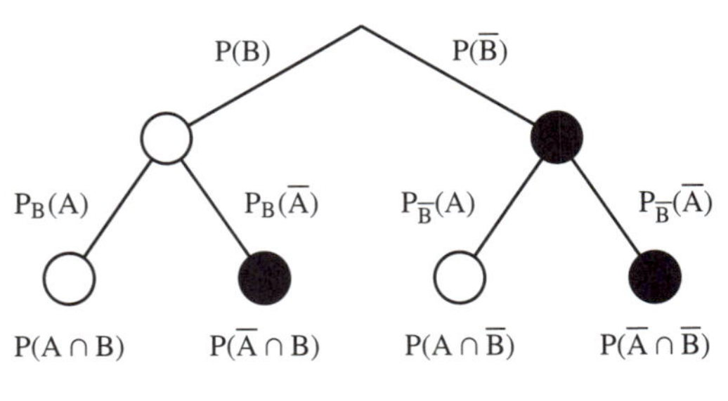

Beispiel

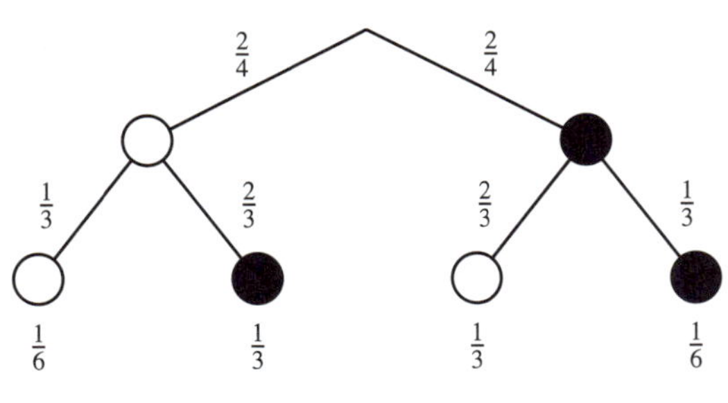

Ein weiteres Hilfsmittel für die Bearbeitung derartiger Aufgaben bietet die Vierfeldertafel. Sie enthält vier zentrale Wahrscheinlichkeiten (blau markiert). Diese sind zwar nicht bedingt, doch mit ihrer Hilfe können wir alle möglichen bedingten Wahrscheinlichkeiten anschaulich berechnen. Die Zahlen unten bzw. rechts sind jeweils Zeilen- bzw. Spaltensummen. Die Zahl im rechten unteren Feld dient der Überprüfung. Sowohl die Summe der letzten Zeile als auch der letzten Spalte muss den Wert 1 ergeben.

Darstellungsmöglichkeit 2: Vierfeldertafel

allgemein

	B	$\overline{B}$	
A	$P(A \cap B)$	$P(A \cap \overline{B})$	$P(A)$
$\overline{A}$	$P(\overline{A} \cap B)$	$P(\overline{A} \cap \overline{B})$	$P(\overline{A})$
	$P(B)$	$P(\overline{B})$	1

$$P_B(A) = \frac{P(A \cap B)}{P(B)} = \frac{\frac{1}{6}}{\frac{1}{2}} = \frac{1}{3}$$

$$P_{\overline{B}}(A) = \frac{P(A \cap \overline{B})}{P(\overline{B})} = \frac{\frac{1}{3}}{\frac{1}{2}} = \frac{2}{3}$$

Beispiel

	B	$\overline{B}$	
A	$\frac{1}{6}$	$\frac{1}{3}$	$\frac{1}{2}$
$\overline{A}$	$\frac{1}{3}$	$\frac{1}{6}$	$\frac{1}{2}$
	$\frac{1}{2}$	$\frac{1}{2}$	1

$$P_B(\overline{A}) = \frac{P(\overline{A} \cap B)}{P(B)} = \frac{\frac{1}{3}}{\frac{1}{2}} = \frac{2}{3}$$

$$P_{\overline{B}}(\overline{A}) = \frac{P(\overline{A} \cap \overline{B})}{P(\overline{B})} = \frac{\frac{1}{6}}{\frac{1}{2}} = \frac{1}{3}$$

Natürlich lassen sich bedingte Wahrscheinlichkeiten auch ohne visuelle Hilfsmittel berechnen. Nützlich sind Baumdiagramm und Vierfeldertafel aber auf jeden Fall. Durch Umstellen der Formel für die bedingte Wahrscheinlichkeit erhalten wir noch zwei Rechenregeln.

Rechenregeln

Es sind zwei Ereignisse A und B gegeben. Dann gilt:

(a) $P(A \cap B) = P_B(A) \cdot P(B)$, falls $P(B) > 0$

(b) $P(A \cap B) = P_A(B) \cdot P(A)$, falls $P(A) > 0$

Wenn wir in einem Baumdiagramm Wahrscheinlichkeiten mit Hilfe der 1. und 2. Pfadregel berechnen, dann verwenden wir, wenn auch unbewusst, bedingte Wahrscheinlichkeiten. Dies verdeutlicht der nächste Satz und das darauffolgende Beispiel.

Satz der totalen Wahrscheinlichkeit

Es sind die Ereignisse A und B gegeben, wobei $0 < P(B) < 1$. Dann gilt:

$$P(A) = P_B(A) \cdot P(B) + P_{\overline{B}}(A) \cdot P(\overline{B})$$

Beispiel

Wie groß ist in der Aufgabe auf Seite 34 die Wahrscheinlichkeit, dass im zweiten Zug eine weiße Kugel gezogen wird?

Lösung

Wir erhalten mit Hilfe der 2. Pfadregel bzw. des Satzes der totalen Wahrscheinlichkeit, dass

$$P(A) = P(A \cap B) + P(A \cap \overline{B}) = P_B(A) \cdot P(B) + P_{\overline{B}}(A) \cdot P(\overline{B}) = \frac{2}{4} \cdot \frac{1}{3} + \frac{2}{4} \cdot \frac{2}{3} = \frac{1}{6} + \frac{1}{3} = \frac{1}{2}.$$

Diese Wahrscheinlichkeit macht eine Aussage darüber, im zweiten Zug eine weiße Kugel zu ziehen, wenn der Ausgang des ersten Zuges (noch) nicht bekannt ist.

Theorie & Aufgaben

• **75.** Für zwei Ereignisse A und B gilt $P(A) = \frac{2}{5}$, $P(B) = \frac{1}{2}$ und $P(A \cap B) = \frac{3}{10}$. Berechnen Sie $P_B(A)$ und $P_A(B)$.

• **76.** Wir werfen einen Würfel zweimal. Berechnen Sie die Wahrscheinlichkeit für ein Pasch, wenn bekannt ist, dass

(a) nur gerade Zahlen fallen;

(b) die Augenzahl mindestens 10 beträgt.

• **77.** Eine Urne enthält 4 weiße und 2 schwarze Kugeln. Es werden zwei Kugeln ohne Zurücklegen gezogen. Wie groß ist die Wahrscheinlichkeit,

(a) im zweiten Zug eine schwarze Kugel zu ziehen?

(b) im zweiten Zug eine schwarze Kugel zu ziehen, wenn bereits im ersten Zug eine schwarze Kugel gezogen wurde?

• **78.** In einer Urne U_1 liegen 7 weiße und 3 schwarze Kugeln, in einer Urne U_2 liegen 4 weiße und 6 schwarze Kugeln. Wir greifen zufällig in eine Urne und ziehen eine Kugel. Berechnen Sie die Wahrscheinlichkeiten der folgenden Ereignisse.

(a) die gezogene Kugel ist weiß

(b) die gezogene Kugel ist schwarz

(c) die gezogene Kugel ist aus U_1

(d) die aus U_1 gezogene Kugel ist weiß

(e) die gezogene weiße Kugel ist aus U_1

(f) die gezogene schwarze Kugel ist aus U_2

•• **79.** In der Wühlkiste eines Kleidungsgeschäftes liegen T-Shirts aus Chile und aus Vietnam in einem Verhältnis von 2:3. Fünf Prozent der T-Shirts aus Chile und zehn Prozent der aus Vietnam haben einen Makel. Wir ziehen zufällig ein T-Shirt. Nun betrachten wir die Ereignisse A = „das T-Shirt stammt aus Vietnam" und B = „das T-Shirt hat einen Makel". Berechnen Sie die folgenden Wahrscheinlichkeiten und interpretieren Sie diese im Sachzusammenhang.

(a) $P(A \cap B)$

(b) $P_B(A)$

(c) $P_A(B)$

(d) $P_{\overline{A}}(\overline{B})$

•• **80.** In einer Schule beträgt der Anteil an Lehrerinnen 62,5 %. Ein Fünftel aller Lehrerinnen und ein Drittel aller Lehrer unterrichtet Mathematik.

(a) Mit welcher Wahrscheinlichkeit unterrichtet eine zufällig ausgewählte Person an dieser Schule Mathematik?

(b) Mit welcher Wahrscheinlichkeit handelt es sich bei einer zufällig ausgewählten Mathematiklehrkraft um eine Frau?

•• **81.** In einer Schulklasse mit 60 % Mädchen und 40 % Jungen ist bekannt, dass jedes Mädchen die Hausaufgaben mit einer Wahrscheinlichkeit von 60 % macht und jeder Junge mit einer Wahrscheinlichkeit von 40 %. Tim sagt: „Die Wahrscheinlichkeit, dass eine gelöste Hausaufgabe von einem Mädchen stammt, muss dann ebenfalls 60 % betragen." Hat Tim Recht? Erläutern Sie.

••• **82.** In einer Sportart sind 20 % aller Sportler gedopt. Von einem Dopingtest ist bekannt, dass 90 % aller Dopingsünder überführt werden. Doch leider zeigt er auch bei 15 % aller nicht gedopten Sportler ein positives Ergebnis an.

(a) Mit welcher Wahrscheinlichkeit ist ein Sportler gedopt und wird überführt?

(b) Ein Sportler wird positiv getestet. Mit welcher Wahrscheinlichkeit hat er tatsächlich gedopt?

(c) Nun wird angenommen, dass ein unbekannter Anteil x der Sportler gedopt ist. Die Wahrscheinlichkeit, dass ein positiv getesteter Sportler tatsächlich gedopt ist, ist dann durch die Funktion p gegeben, die von x abhängig ist:

$$p(x) = \frac{0{,}9x}{0{,}75x + 0{,}15}$$

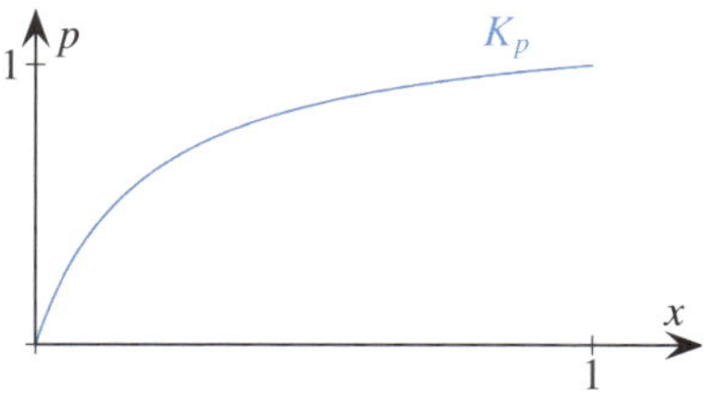

Abb. 1.9: Schaubild zu Aufgabe 82

Interpretieren Sie das in Abb. 1.9 dargestellte Schaubild der Funktion p im Sachzusammenhang und erläutern Sie den Funktionswert $p(0{,}01)$.

83. In einem Lostopf liegen viermal so viele Nieten wie Gewinne. Die Wahrscheinlichkeit, im zweiten Zug einen Gewinn zu ziehen, wenn im ersten Zug eine Niete gezogen wurde, liegt bei $\frac{3}{14}$. Wie viele Lose lagen zu Beginn im Lostopf?

84. Es sind zwei Ereignisse A und B gegeben, wobei $0 < P(B) < 1$. Gilt dann immer der Zusammenhang

(a) $P_B(A) + P_B(\overline{A}) = 1$?

(b) $P_B(A) + P_{\overline{B}}(A) = 1$?

Falls ja, beweisen Sie ihn. Falls nein, konstruieren Sie ein Gegenbeispiel.

85. Beweisen Sie die folgenden Formeln:

(a) Für zwei Ereignisse A und B mit $P(A) > 0$ und $P(B) > 0$ gilt die *Formel von Bayes*:

$$P_B(A) = \frac{P(A) \cdot P_A(B)}{P(B)}$$

(b) Es sind die Ereignisse A und B gegeben, wobei $P(A) > 0$ und $0 < P(B) < 1$. Dann gilt der *Satz von Bayes*:

$$P_A(B) = \frac{P_B(A) \cdot P(B)}{P_B(A) \cdot P(B) + P_{\overline{B}}(A) \cdot P(\overline{B})}$$

(c) Erläutern Sie, dass zur Lösung von Aufgabe 80b der Satz von Bayes angewendet wurde.

86. Aus einer Kiste, in der nur weiße und gelbe Bälle liegen, werden zufällig zwei Bälle gezogen. Die Wahrscheinlichkeit, genau zwei weiße Bälle zu ziehen, liegt bei exakt 50 %.

(a) Was ist die kleinste Anzahl an Bällen, die in der Kiste liegen kann?

(b) Was ist die kleinste Anzahl an Bällen, die in der Kiste liegen kann, wenn bekannt ist, dass die Anzahl an gelben Bällen gerade ist?

1.7 Unabhängige Ereignisse

Beispiel

In einer Urne liegen 2 weiße und 2 schwarze Kugeln. Hat es einen Einfluss auf die Wahrscheinlichkeit, im zweiten Zug eine weiße Kugel zu ziehen, wenn bereits im ersten Zug eine weiße Kugel gezogen wurde? Wenn ja, so heißen die beiden Ereignisse A = „im zweiten Zug weiß“ und B = „im ersten Zug weiß“ *stochastisch abhängig*, andernfalls *stochastisch unabhängig*. Analysieren Sie die Situation, wenn die Kugeln mit Zurücklegen bzw. ohne Zurücklegen gezogen werden.

Unabhängigkeit
Zwei Ereignisse A und B heißen *stochastisch unabhängig*, wenn $P(A \cap B) = P(A) \cdot P(B)$, andernfalls nennt man sie *stochastisch abhängig*.

Lösung

Mit Zurücklegen

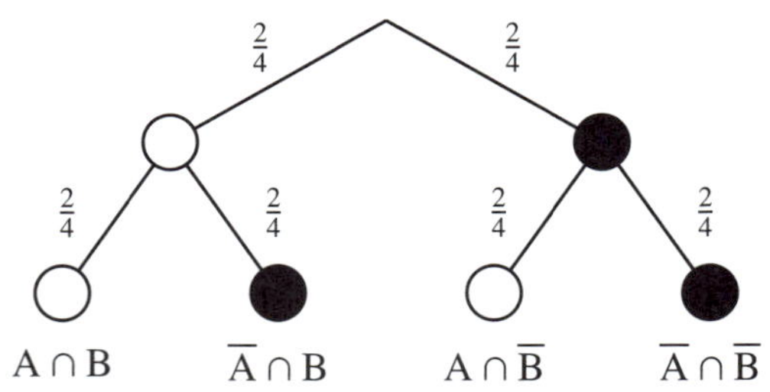

	B	$\overline{B}$	
A	$\frac{1}{4}$	$\frac{1}{4}$	$\frac{1}{2}$
$\overline{A}$	$\frac{1}{4}$	$\frac{1}{4}$	$\frac{1}{2}$
	$\frac{1}{2}$	$\frac{1}{2}$	1

$$P(A) = \tfrac{1}{2},\ P(B) = \tfrac{1}{2}$$
$$P(A \cap B) = \tfrac{1}{4} = \tfrac{1}{2} \cdot \tfrac{1}{2} = P(A) \cdot P(B)$$
$\Rightarrow$ *stochastisch unabhängig*

Ohne Zurücklegen

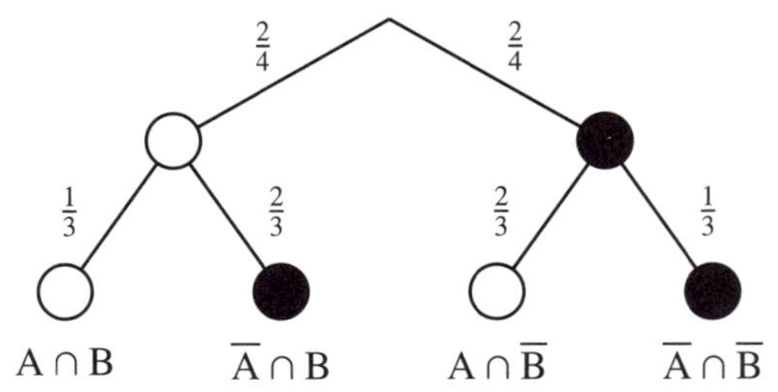

	B	$\overline{B}$	
A	$\frac{1}{6}$	$\frac{1}{3}$	$\frac{1}{2}$
$\overline{A}$	$\frac{1}{3}$	$\frac{1}{6}$	$\frac{1}{2}$
	$\frac{1}{2}$	$\frac{1}{2}$	1

$$P(A) = \tfrac{1}{2},\ P(B) = \tfrac{1}{2}$$
$$P(A \cap B) = \tfrac{1}{6} \neq \tfrac{1}{2} \cdot \tfrac{1}{2} = P(A) \cdot P(B)$$
$\Rightarrow$ *stochastisch abhängig*

Wir stellen fest, dass im Fall der stochastischen Unabhängigkeit die Vierfeldertafel eine *Multiplikationstafel* ist. Das heißt, dass die Wahrscheinlichkeit jeder Kombination gleich dem Produkt der entsprechenden Randwahrscheinlichkeiten ist. Im Fall „mit Zurücklegen“ stehen wir nach jedem Zug wieder vor derselben Urne mit denselben Kugeln.

Eigenschaft von unabhängigen Ereignissen
Für zwei unabhängige Ereignisse A und B mit $P(B) > 0$ gilt $P_B(A) = P(A)$.

Die Zusatzinformation B hat also in diesem Fall keinen Einfluss auf die Wahrscheinlichkeit des Ereignisses A.

87. Geben Sie für die folgenden Zufallsexperimente zunächst an, ob die Ereignisse A und B stochastisch abhängig oder unabhängig sind und bestätigen Sie Ihre Vermutung anschließend durch eine Rechnung.

(a) Ein Würfel wird zweimal geworfen. A = „Augenzahl 1 oder 2 im ersten Wurf" und B = „Augenzahl 6 im zweiten Wurf".

(b) Urne mit 3 weißen und 2 schwarzen Kugeln. Zwei Kugeln werden mit Zurücklegen gezogen. A = „erste Kugel weiß" und B = „zweite Kugel weiß".

(c) Urne mit 3 weißen und 2 schwarzen Kugeln. Zwei Kugeln werden ohne Zurücklegen gezogen. A = „erste Kugel weiß" und B = „zweite Kugel weiß".

(d) Urne mit 3 weißen und 2 schwarzen Kugeln. Zwei Kugeln werden mit Zurücklegen gezogen. A = „erste Kugel weiß" und B = „beide Kugeln gleichfarbig".

(e) Eine Münze wird 10-mal geworfen. A = „die ersten neun Würfe Kopf" und B = „im zehnten Wurf Kopf".

(f) Eine Pokerkarte wird zufällig gezogen. A = „Karte hat die Farbe Kreuz" und B = „Karte ist ein As".

88. Es sind 120 Karten gegeben, die mit den natürlichen Zahlen von 1 bis 120 nummeriert sind. Wir ziehen zufällig eine Karte. Entscheiden Sie durch Rechnung, welche der Ereignisse A = „Zahl durch 4 teilbar", B = „Zahl durch 5 teilbar" und C = „Zahl durch 6 teilbar" jeweils abhängig sind.

89. In einer Studie mit 500 Kopfschmerzpatienten erhielten 300 beim Auftreten von Schmerzen eine bestimmte Kopfschmerztablette. Nach einer Stunde wurden alle Studienteilnehmer befragt, ob ihre Schmerzen verschwunden sind. Die Befragung ergab folgendes Ergebnis:

	Tablette erhalten	keine Tablette erhalten
Schmerz verschwunden	267	13
Schmerz geblieben	33	187

Wir betrachten die Ereignisse A = „hat eine Tablette erhalten" und B = „die Schmerzen sind verschwunden".

(a) Berechnen Sie die folgenden Wahrscheinlichkeiten. Was bedeuten sie anschaulich?

(i) $P(A)$ (iii) $P(A \cap B)$ (v) $P_A(B)$ (vii) $P_{\overline{A}}(B)$

(ii) $P(B)$ (iv) $P_B(A)$ (vi) $P_{\overline{B}}(A)$ (viii) $P_{\overline{B}}(\overline{A})$

(b) Untersuchen Sie, ob die Ereignisse A und B abhängig sind.

(c) Interpretieren Sie die Ergebnisse der Studie.

90. Das nebenstehende Glücksrad wird dreimal gedreht. Entscheiden Sie ohne Rechnung, welche Ereignisse von dem Ereignis A = „beim ersten Dreh die Zahl 6" abhängig bzw. unabhängig sind.

B = „Summe 7"

C = „nur gerade Zahlen"

D = „im zweiten Dreh die Zahl 6"

E = „mindestens einmal 1"

F = „lauter verschiedene Zahlen"

G = „lauter gleiche Zahlen"

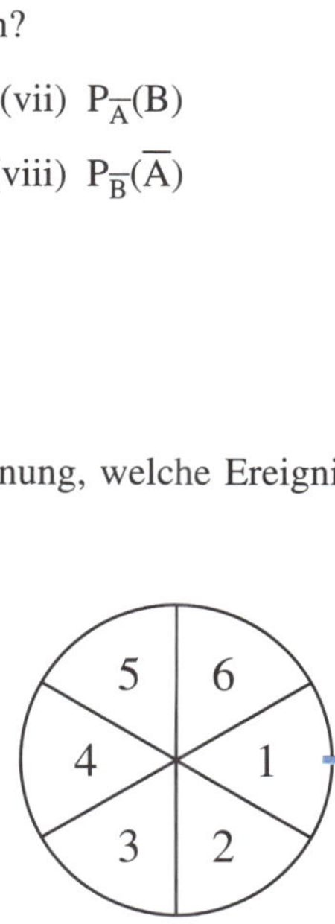

●● **91.** In Abb. 1.10 ist ein unvollständiges Baumdiagramm dargestellt. Ergänzen Sie die fehlenden Wahrscheinlichkeiten so, dass die Ereignisse A und B unabhängig sind. Begründen Sie mathematisch.

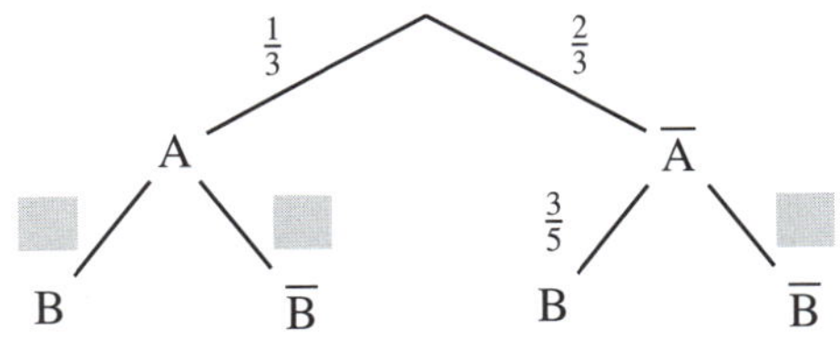

Abb. 1.10: Schaubild zu Aufgabe 91

●● **92.** In dieser Vierfeldertafel sind die absoluten Häufigkeiten eines Zufallsexperiments eingetragen. Ergänzen Sie die fehlenden Werte, wenn bekannt ist, dass die Ereignisse A und B unabhängig sind.

	B	$\overline{B}$	
A			120
$\overline{A}$			
		270	360

●● **93.** In einem Fußballteam spielen zwei gute Elfmeterschützen: Jonas und Michael. Jonas ist nervenstark und trifft alle Elfmeter unabhängig voneinander mit einer Wahrscheinlichkeit von jeweils 80 % ins Tor. Michael trifft einen Elfmeter mit einer Wahrscheinlichkeit von 90 % ins Tor. Verschießt er allerdings einen, dann trifft er den darauffolgenden nur noch mit einer Wahrscheinlichkeit von 50 %. Die Mannschaft muss nun genau zwei Elfmeter nacheinander schießen. Welche Schützen sollte der Trainer jeweils benennen, um die Wahrscheinlichkeit für das Ereignis „mindestens einen Treffer" zu maximieren, wenn

(a) er einen Spieler für beide Elfmeter benennen muss?

(b) er vor jedem Elfmeter neu entscheiden kann?

●●● **94.** Damit sich Tim und Sophie treffen können, müssen beide zum gleichen Termin Zeit haben. Tim hat an 80 % aller Termine Zeit, Sophie an 40 %. Berechnen Sie die Wahrscheinlichkeit, dass ein Treffen an einem bestimmten Termin stattfindet, wenn

(a) die Terminpläne von Tim und Sophie voneinander unabhängig sind;

(b) Sophie an 40 % aller Termine, an denen Tim verhindert ist, ebenfalls keine Zeit hat.

●●● **95.** Eine Modegeschäft verkauft Jeans. Dabei lassen die Kunden eine gekaufte Jeans aus zwei Gründen zurückgehen: Die Jeans ist zu weit (W) oder sie ist zu lang (L). Die Wahrscheinlichkeit für den Reklamationsgrund W beträgt 10 %, die für das gleichzeitige Auftreten beider Gründe 0,2 % und die dafür, dass mindestens einer der beiden Gründe auftritt, 11,8 %. Untersuchen Sie, ob beide Reklamationsgründe (stochastisch) unabhängig voneinander sind.

2 Zufallsgrößen

In diesem Abschnitt geht es darum, Zufallsexperimente zu modellieren und mit Hilfe von Zufallsgrößen zu beschreiben. Dies können wir entweder mit Hilfe der Wahrscheinlichkeitsfunktion (Abschnitt 2.1) oder der Verteilungsfunktion (Abschnitt 2.2) tun. Wesentliche Informationen können wir auch in verdichteter Form durch Kenngrößen wie dem Erwartungswert (Abschnitt 2.3), der Varianz oder der Standardabweichung (Abschnitt 2.4) angeben.

Zufallsgröße

Es ist eine Ergebnismenge $\Omega = \{\omega_1, \ldots, \omega_n\}$, $n \in \mathbb{N}$ gegeben. Dann heißt eine Abbildung $X : \Omega \to \mathbb{R}$ mit $\omega \mapsto X(\omega) = k$, die jedem Ergebnis $\omega \in \Omega$ eine Zahl $X(\omega) = k \in \mathbb{R}$ zuordnet, eine *Zufallsgröße* (*Zufallsvariable*).

Beispiel

In einer Urne liegen 2 weiße und 3 schwarze Kugeln. Wir ziehen drei Kugeln ohne Zurücklegen und notieren nacheinander die Farbe der gezogenen Kugel. Beschreiben Sie die Entstehung der Zufallsgröße X = „Anzahl gezogener schwarzer Kugeln“.

Lösung

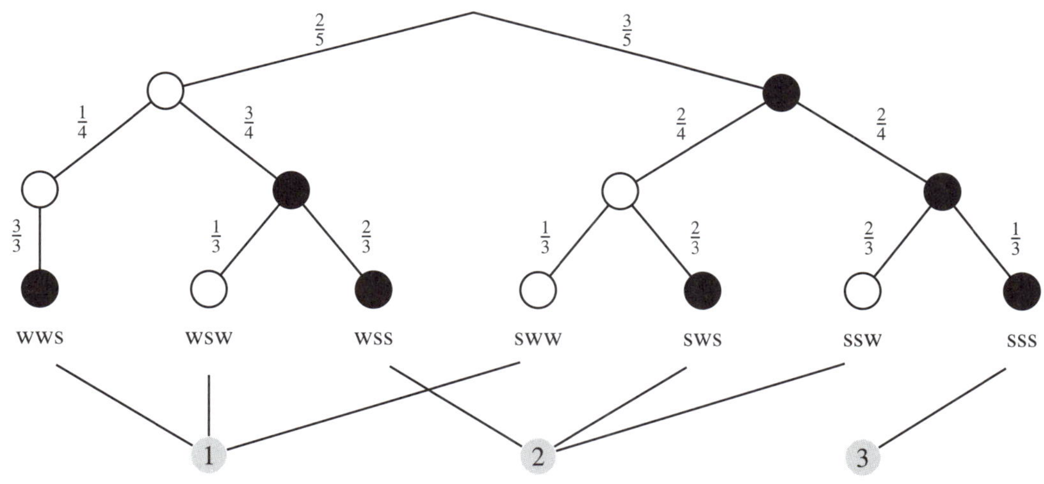

Abb. 2.1: Entstehung der Zufallsgröße X im Beispiel

Alle Ergebnisse aus Ω, bei denen die gleiche Anzahl gezogener schwarzer Kugeln vorliegt (z.B. die Ergebnisse ω_1 = wws, ω_2 = wsw und ω_4 = sww), werden zu einem Ereignis zusammengefasst (hier: dem Ereignis $X = 1$, siehe Abb. 2.1). Die Zufallsgröße X hat die Wertemenge $\mathbb{W} = \{1, 2, 3\}$.

2.1 Wahrscheinlichkeitsfunktion

Wir fragen uns nun, mit welcher Wahrscheinlichkeit eine Zufallsgröße X einen bestimmen Wert k annimmt. Diese Wahrscheinlichkeit berechnen wir für jeden möglichen Wert k und erhalten die *Wahrscheinlichkeitsfunktion*.

Wahrscheinlichkeitsfunktion

Für eine Zufallsgröße $X : \Omega \to \mathbb{R}$ heißt die Funktion $f : \mathbb{R} \to [0; 1]$ mit $k \mapsto f(k) = \mathrm{P}(X = k)$ die *Wahrscheinlichkeitsfunktion* von X. Der Funktionswert $f(k)$ gibt die Wahrscheinlichkeit an, dass X den Wert k annimmt.

Wir stellen die Wahrscheinlichkeitsfunktion graphisch auf zwei verschiedene Arten dar. Mit dem *Stabdiagramm* (Abb. 2.2b) werden nur die von der Zufallsgröße angenommenen Werte mit ihrer Wahrscheinlichkeit angegeben. Denn für alle anderen Werte beträgt die Wahrscheinlichkeit 0. Sind die von der Zufallsgröße angenommenen Werte ganzzahlig, werden um diese künstlich Balken der Breite 1 gebildet. Dieses so entstehende *Histogramm* (*Balkendiagramm*, Abb. 2.2c) ist optisch ansprechender.

Beispiel

Stellen Sie die Wahrscheinlichkeitsfunktion für das Urnenbeispiel auf Seite 41 tabellarisch auf und zeichnen Sie ein geeignetes Schaubild.

Lösung

Der Ausdruck $X = 1$ ist ein Ereignis bestehend aus der Menge {wws, wsw, sww}. Die Wahrscheinlichkeit $\mathrm{P}(X = 1)$ können wir hier mit Hilfe der Pfadregeln berechnen. Auf die gleiche Weise ermitteln wir die Wahrscheinlichkeiten für die Ereignisse $X = 2$ und $X = 3$.

$$\mathrm{P}(X = 1) = \mathrm{P}(\text{wws}) + \mathrm{P}(\text{wsw}) + \mathrm{P}(\text{sww}) = \frac{2}{5} \cdot \frac{1}{4} \cdot \frac{3}{3} + \frac{2}{5} \cdot \frac{3}{4} \cdot \frac{1}{3} + \frac{3}{5} \cdot \frac{2}{4} \cdot \frac{1}{3} = \frac{3}{10}$$

$$\mathrm{P}(X = 2) = \mathrm{P}(\text{wss}) + \mathrm{P}(\text{sws}) + \mathrm{P}(\text{ssw}) = \frac{2}{5} \cdot \frac{3}{4} \cdot \frac{2}{3} + \frac{3}{5} \cdot \frac{2}{4} \cdot \frac{2}{3} + \frac{3}{5} \cdot \frac{2}{4} \cdot \frac{2}{3} = \frac{6}{10}$$

$$\mathrm{P}(X = 3) = \mathrm{P}(\text{sss}) = \frac{3}{5} \cdot \frac{2}{4} \cdot \frac{1}{3} = \frac{1}{10}$$

In Abb. 2.2a ist die Wahrscheinlichkeitsfunktion tabellarisch dargestellt.

k	1	2	3
$\mathrm{P}(X = k)$	$\frac{3}{10}$	$\frac{6}{10}$	$\frac{1}{10}$

(a) Tabelle

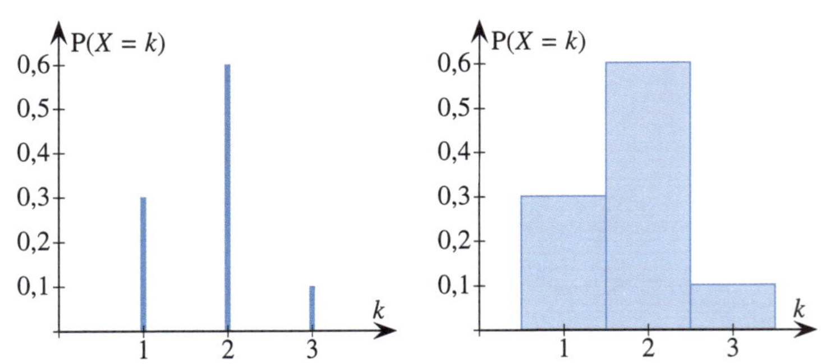

(b) Stabdiagramm

(c) Histogramm

Abb. 2.2: Darstellungsmöglichkeiten der Wahrscheinlichkeitsfunktion

Hinweis: Addieren wir die Wahrscheinlichkeiten aller möglichen Ereignisse $X = k$ in einem Zufallsexperiment, erhalten wir als Summe den Wert 1.

- **96.** In Abb. 2.3a ist das Schaubild der Wahrscheinlichkeitsfunktion einer Zufallsgröße X dargestellt. Ermitteln Sie die folgenden Wahrscheinlichkeiten.

  (a) $P(X = 2)$ (c) $P(3 \leq X \leq 5)$ (e) $P(X \neq 5)$

  (b) $P(X \geq 7)$ (d) $P(X < 4)$ (f) $P(X \geq -1)$

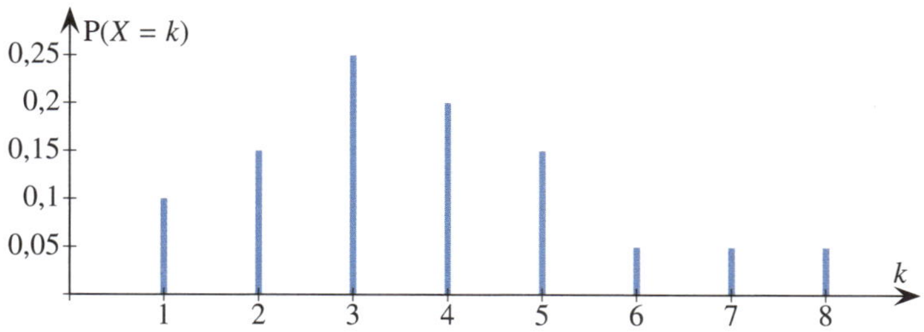

(a) Schaubild zu Aufgabe 96

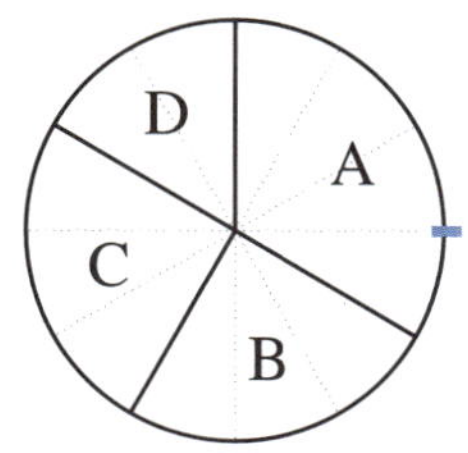

(b) Schaubild zu Aufgabe 97

Abb. 2.3: Schaubilder

- **97.** Das in Abb. 2.3b dargestellte Glücksrad wird einmal gedreht. Stellen Sie die Wahrscheinlichkeitsfunktion für die Zufallsgröße X = „gedrehter Buchstabe“ tabellarisch auf. Zeichnen Sie das dazugehörige Stabdiagramm.
- **98.** Wir greifen aus einem deutschen Text zufällig einen Buchstaben heraus. Die die Wahrscheinlichkeitsfunktion der Zufallsgröße X = „ausgewählter Buchstabe“ ist in Abb. 2.4 ausführlich dargestellt. Entscheiden Sie mit Hilfe des Schaubildes, ob die folgenden Aussagen richtig oder falsch sind.

  (a) „Der Buchstabe ist mit einer Wahrscheinlichkeit von ca. 25 % ein Vokal.“

  (b) „Der Buchstabe ist mit einer Wahrscheinlichkeit von ca. 85 % weder ein E noch ein N.“

  (c) „Es ist wahrscheinlicher, ein R als ein D zu erhalten.“

  (d) „Es ist wahrscheinlicher, auf diese Art ein B zu erhalten, als es aus einer Urne mit 26 Kugeln von A bis Z zu ziehen.“

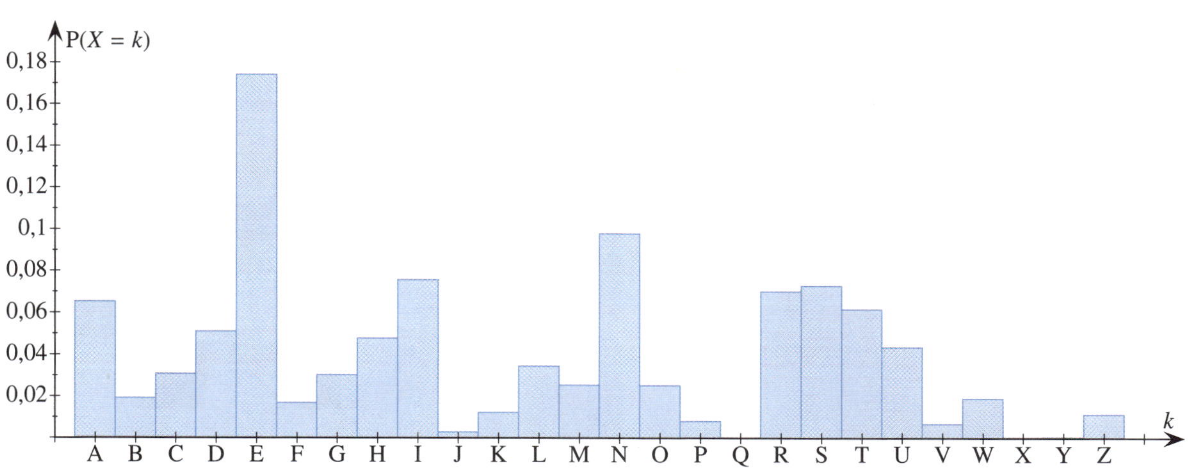

Abb. 2.4: Schaubild zu Aufgabe 98

•• **99.** Bei einem oder mehreren Schaubildern aus Abb. 2.5 handelt es sich jeweils um die Darstellung einer Wahrscheinlichkeitsfunktion. Entscheiden Sie mit Begründung.

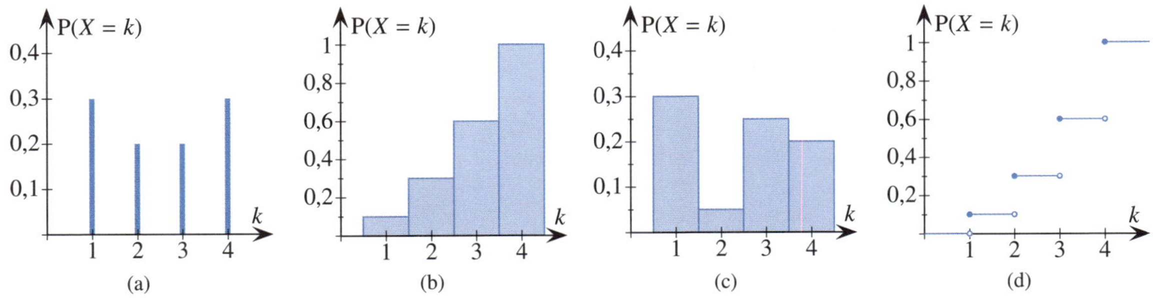

Abb. 2.5: Schaubilder zu Aufgabe 99

•• **100.** In einer Urne liegen 2 schwarze und 4 weiße Kugeln. Wir ziehen 3 Kugeln mit Zurücklegen.

(a) Stellen Sie die Wahrscheinlichkeitsfunktion der Zufallsgröße X = „Anzahl gezogene weiße Kugeln" tabellarisch auf.

(b) Lösen Sie Teilaufgabe (a), wenn die Kugeln ohne Zurücklegen gezogen werden.

•• **101.** Wir werfen einen Würfel zweimal. Stellen Sie die Wahrscheinlichkeitsfunktion der Zufallsgröße

(a) X = „Augensumme"

(b) X = „Maximum der geworfenen Augenzahl"

tabellarisch auf und zeichnen Sie jeweils ein Histogramm.

•• **102.** Berechnen Sie den Wert von a so, dass die durch $P(X = k) = a \cdot 3^{-k}$ gegebene Funktion für $k \in \{1, 2, 3\}$ eine Wahrscheinlichkeitsfunktion ist.

••• **103.** Ein Muster wie in Abb. 2.6 wird so gebildet, dass für jedes einzelne Pixel unabhängig von den anderen gilt: P(weiß) = P(schwarz) = $\frac{1}{2}$.

(a) Zeigen Sie, dass die Wahrscheinlichkeitsfunktion der Zufallsgröße X = „Anzahl schwarze Pixel" durch

$$P(X = k) = \binom{16}{k} \cdot \left(\frac{1}{2}\right)^{16}, \quad k \in \{0, 1, \ldots, 16\}$$

gegeben ist.

(b) Erläutern Sie, dass es wahrscheinlicher ist, zwischen 7 und 9 schwarze Pixel zu erhalten als zwischen 6 und 8.

Abb. 2.6: Schaubild zu Aufgabe 103

2.2 Verteilungsfunktion*

Verteilungsfunktion

Für eine Zufallsgröße $X : \Omega \to \mathbb{R}$ heißt die Funktion $F : \mathbb{R} \to [0;\, 1]$ mit $k \mapsto F(k) = \mathrm{P}(X \leq k)$ *Verteilungsfunktion* (*kumulierte Wahrscheinlichkeitsfunktion*) von X. Der Funktionswert $F(k)$ gibt die Wahrscheinlichkeit an, dass X einen Wert kleiner oder gleich k annimmt.

Hinweis: Für den Ausdruck $\mathrm{P}(X \leq k)$ addieren wir die Wahrscheinlichkeiten $\mathrm{P}(X = u)$ aller Werte u mit $u \leq k$ auf. Die Verteilungsfunktion F ist im weiteren Sinne eine Stammfunktion von f. Sie ist eine monoton steigende Treppenfunktion, strebt gegen 0 für $k \to -\infty$ und gegen 1 für $k \to \infty$. An den Stellen k_i hat sie Sprünge der Höhe $\mathrm{P}(X = k_i)$.

Beispiel

Geben Sie die Verteilungsfunktion für das Urnenbeispiel auf Seite 41 an und zeichnen Sie diese in ein geeignetes Schaubild.

Lösung

Wir berechnen die Wahrscheinlichkeiten $\mathrm{P}(X \leq 1) = \mathrm{P}(X = 1) = \frac{3}{10}$, $\mathrm{P}(X \leq 2) = \mathrm{P}(X = 1) + \mathrm{P}(X = 2) = \frac{9}{10}$ und $\mathrm{P}(X \leq 3) = \mathrm{P}(X = 1) + \mathrm{P}(X = 2) + \mathrm{P}(X = 3) = 1$. Die Tabelle der Verteilungsfunktion ist in Abb. 2.7a dargestellt, das Schaubild in Abb. 2.7b. Alternativ kann man auch ein Säulendiagramm zeichnen (Abb. 2.7c).

k	1	2	3
$\mathrm{P}(X \leq k)$	$\frac{3}{10}$	$\frac{9}{10}$	1

(a) Tabelle

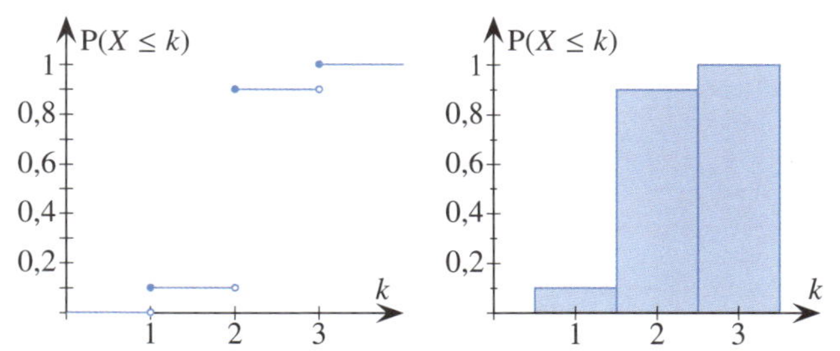

(b) Schaubild (c) Säulendiagramm

Abb. 2.7: Darstellungsmöglichkeiten der Verteilungsfunktion

• **104.** Aus einer Wahrscheinlichkeitsfunktion lässt sich ohne großen Aufwand die Verteilungsfunktion ermitteln und umgekehrt.

(a) Eine Zufallsgröße X hat die Wertemenge $\mathbb{W} = \{1, 2, 3, 4\}$. In Tab. 2.1 ist ihre Wahrscheinlichkeitsfunktion gegeben. Geben Sie die Verteilungsfunktion an.

(b) Eine Zufallsgröße X hat die Wertemenge $\mathbb{W} = \{-2, 0, 2, 4\}$. In Tab. 2.2 ist ihre Verteilungsfunktion gegeben. Geben Sie die Wahrscheinlichkeitsfunktion an.

k	1	2	3	4
$\mathrm{P}(X = k)$	$\frac{1}{4}$	$\frac{1}{8}$	$\frac{1}{2}$	$\frac{1}{16}$

Tab. 2.1: Wahrscheinlichkeitsfunktion

k	−2	0	2	4
$\mathrm{P}(X \leq k)$	$\frac{1}{12}$	$\frac{1}{4}$	$\frac{5}{6}$	1

Tab. 2.2: Verteilungsfunktion

• **105.** Aus dem Börsenteil einer deutschen Zeitung wird zufällig eine Zahl herausgeschrieben. In Abb. 2.8 ist das Schaubild der Verteilungsfunktion für die Zufallsgröße X = „Anfangsziffer dieser Zahl" dargestellt. Geben Sie mit Hilfe dieses Schaubildes näherungsweise die Wahrscheinlichkeiten der folgenden Ereignisse an.

A: Die Zahl beginnt mit der Ziffer 3 oder einer kleineren Ziffer.

B: Die Zahl beginnt mit der Ziffer 5 oder einer größeren Ziffer.

C: Die Zahl beginnt mit der Ziffer 4.

D: Die Zahl beginnt mit der Ziffer 5, 6 oder 7.

E: Die Zahl beginnt mit einer kleineren Ziffer als der 7.

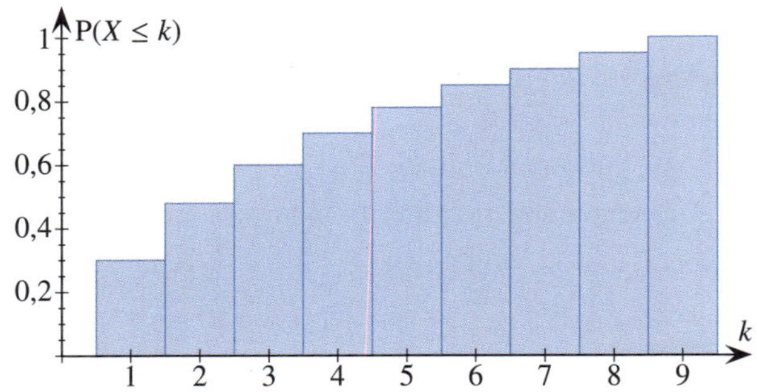

Abb. 2.8: Schaubild zu Aufgabe 105

•• **106.** Bei einem oder mehreren Schaubildern aus Abb. 2.9 handelt es sich jeweils um die Darstellung einer Verteilungsfunktion. Entscheiden Sie mit Begründung.

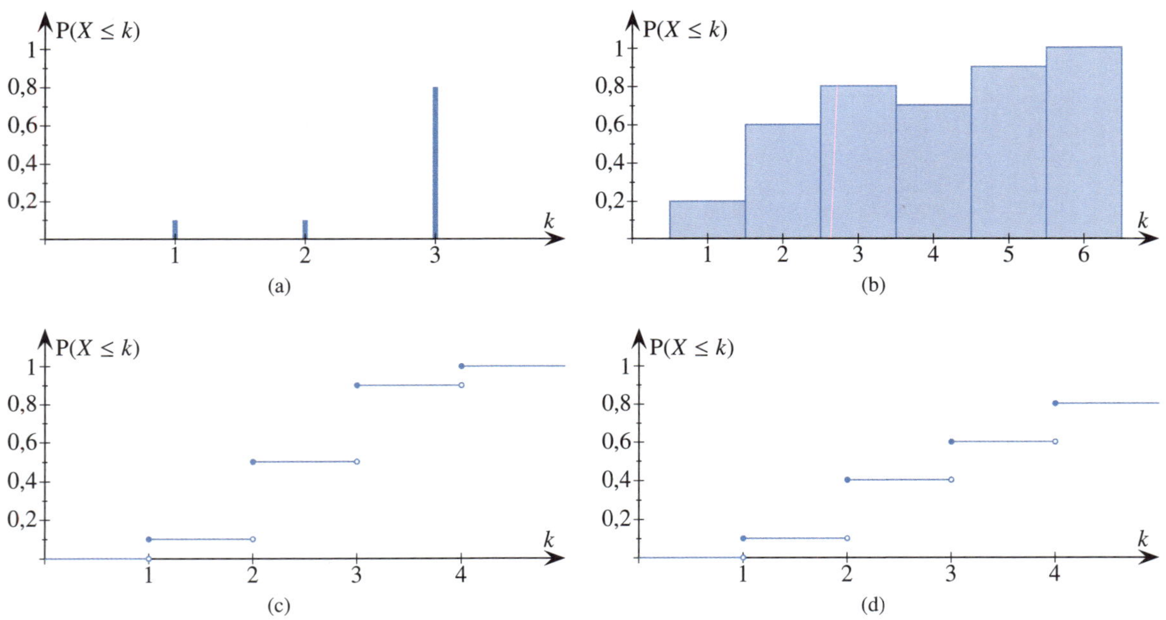

Abb. 2.9: Schaubilder zu Aufgabe 106

••• **107.** Welche Werte für a sind zulässig, damit es sich in der gegebenen Tabelle um die Darstellung einer Verteilungsfunktion handelt? Entscheiden Sie mit Begründung.

k	-2	-1	1	2
$P(X \leq k)$	0	$\frac{1}{4}+a$	$\frac{1}{2}-a$	1

2.3 Erwartungswert

Eine wichtige Aussage können wir über eine Zufallsgröße treffen, ohne die gesamte Wahrscheinlichkeitsfunktion preiszugeben. Hier hilft der *Erwartungswert*, der den langfristigen Durchschnitt aller Ausgänge angibt, wenn wir ein Zufallsexperiment oftmals durchführen. So lässt sich viel Information auf eine Kenngröße verdichten.

Erwartungswert
Für eine Zufallsgröße $X : \Omega \to \mathbb{R}$ mit der Wertemenge $\mathbb{W} = \{k_1, \ldots, k_n\}$, $n \in \mathbb{N}$, ist der *Erwartungswert* μ bzw. $\mathrm{E}(X)$ gegeben durch

$$\mu = \mathrm{E}(X) = k_1 \cdot \mathrm{P}(X = k_1) + \ldots + k_n \cdot \mathrm{P}(X = k_n).$$

Beispiel

In einer Urne liegen 2 weiße und 3 schwarze Kugeln. Wir ziehen drei Kugeln ohne Zurücklegen und notieren nacheinander die Farbe der gezogenen Kugel. Berechnen Sie den Erwartungswert der Zufallsgröße X = „Anzahl gezogener schwarzer Kugeln".

Lösung

Wir berechnen

$$\mathrm{E}(X) = 1 \cdot \mathrm{P}(X = 1) + 2 \cdot \mathrm{P}(X = 2) + 3 \cdot \mathrm{P}(X = 3) = 1 \cdot \frac{3}{10} + 2 \cdot \frac{6}{10} + 3 \cdot \frac{1}{10} = \frac{9}{5} = 1{,}8.$$

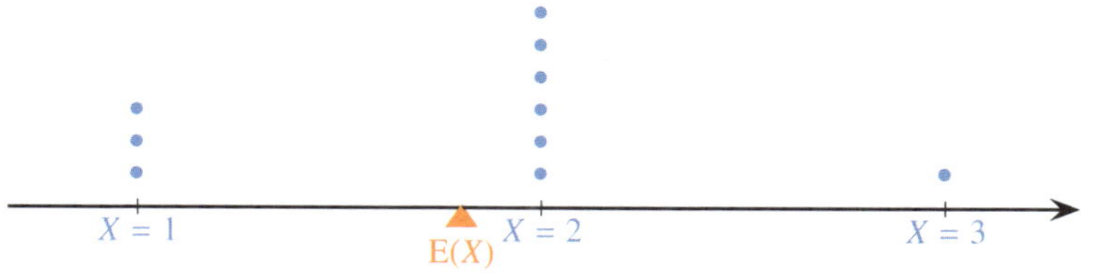

Abb. 2.10: Anschauliche Bedeutung des Erwartungswertes

Anschaulich lässt sich der Erwartungswert so vorstellen: Legen wir für alle Werte jeweils Kugeln im Verhältnis der Wahrscheinlichkeiten (hier 3:6:1) auf eine Waage (Abb. 2.10), so ist der Erwartungswert die Mitte der Waage, damit sie im Gleichgewicht bleibt.
Bei einem mit Risiko behafteten Spiel hilft der Erwartungswert anzugeben, wie *fair* es ist, d.h. ob sich die Teilnahme langfristig lohnt oder nicht.

faires Spiel
Hat ein Spiel den zufallsabhängigen Gewinn X und den festen Einsatz m, dann heißt es

- *fair*, wenn $\mathrm{E}(X) = m$;
- *günstig*, wenn $\mathrm{E}(X) > m$;
- *ungünstig*, wenn $\mathrm{E}(X) < m$.

Theorie & Aufgaben

Rechenregeln für Erwartungswerte

Für zwei Zufallsgrößen X und Y sowie $a, b \in \mathbb{R}$ gilt:

(a) $\mathrm{E}(aX + b) = a \cdot \mathrm{E}(X) + b$

(b) $\mathrm{E}(X + Y) = \mathrm{E}(X) + \mathrm{E}(Y)$, falls X und Y unabhängig sind

• **108.** Berechnen Sie den Erwartungswert $\mathrm{E}(X)$ der Zufallsgröße X.

(a)

k	1	2	3	4
$P(X = k)$	0,4	0,3	0,2	0,1

(b)

k	-3	-1	1	3
$P(X = k)$	0,35	0,05	0,15	0,45

• **109.** Ein Spiel hat einen Einsatz von 1 €. Mit einer Wahrscheinlichkeit von 1 % erhalten Sie 100 € und in 99 % aller Fälle verlieren Sie Ihren Einsatz. Ist das Spiel fair? Begründen Sie rechnerisch.

• **110.** Bei einer Quizshow hat ein Kandidat einen Gewinn von 4 000 € erspielt. Beantwortet er noch eine Frage mit 4 Antwortmöglichkeiten richtig, so steigert sich sein Gewinn auf 8 000 €. Ist die Antwort jedoch falsch, so sinkt sein Gewinn auf 500 €. Gibt er keine Antwort ab und hört auf, so behält er seine 4 000 €. Lohnt es sich für den Kandidaten zu raten, wenn er

(a) keine Antwortmöglichkeit (b) eine Antwortmöglichkeit (c) zwei Antwortmöglichkeiten

ausschließen kann? Begründen Sie rechnerisch.

•• **111.** In Abb. 2.11 sind jeweils Schaubilder der Wahrscheinlichkeitsfunktion der Zufallsgrößen X (blau) und Y (orange) dargestellt. Vergleichen Sie jeweils ohne Rechnung die Erwartungswerte der beiden Zufallsgrößen.

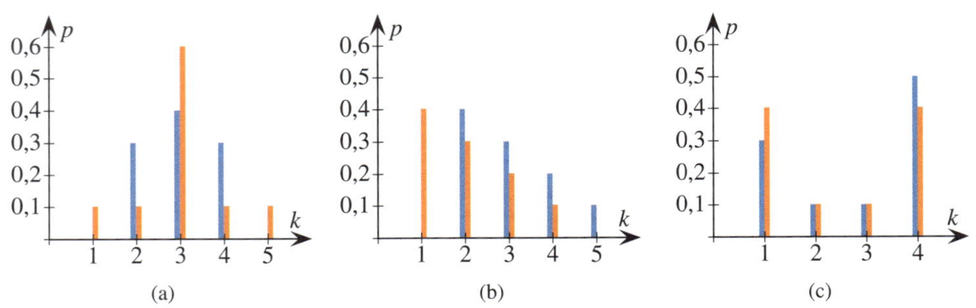

Abb. 2.11: Schaubild zu Aufgabe 111

•• **112.** Eine Zufallsgröße X nimmt die Werte $k_1 = -1$, $k_2 = 2$ und k_3 mit den Wahrscheinlichkeiten $\frac{1}{3}$, $\frac{1}{12}$ und $\frac{7}{12}$ an. Wie muss der Wert k_3 gewählt werden, damit $\mathrm{E}(X) = \frac{11}{4}$? Begründen Sie rechnerisch.

•• **113.** Es ist eine Zufallsgröße X gegeben. Berechnen Sie die Werte von a und b so, dass $\mathrm{E}(X) = 0$ gilt.

k	−4	1	3
$P(X = k)$	$\frac{1}{4}$	a	b

•• **114.** Bei einer Lotterie sind 20 000 Lose zu vergeben, wobei die folgenden Gewinne zur Verfügung stehen: 1 × 10 000 €, 5 × 5 000 €, 200 × 100 €. Die restlichen Lose enthalten Nieten.

(a) Welcher Preis müsste für ein Los verlangt werden, damit die Lotterie fair ist?

(b) Wie viele Lose müssten zu vergeben sein, wenn ein Los bei einer fairen Lotterie 2,50 € kosten soll?

•• **115.** Eine Firma ist auf die Reparatur von Smartphones mit bestimmten Schäden spezialisiert. Von allen Smartphones, die sie erhält, haben 70 % einen defekten Bildschirm und 40 % eine defekte Kamera, wobei 10 % aller Smartphones beide Schäden aufweisen. Für jede Reparatur fallen pauschal 15 € an. Bei einem defekten Bildschirm werden zusätzlich 50 € fällig, bei einer kaputten Kamera 25 €.

(a) Ein zufällig ausgewähltes kaputtes Smartphone soll repariert werden. Berechnen Sie die erwarteten Kosten.

(b) Geben Sie eine Fragestellung an, die mit der folgenden Rechnung gelöst werden kann:

$$15 + 0{,}6 \cdot k + 0{,}3 \cdot 25 + 0{,}1 \cdot (k + 25) \leq 53 \Rightarrow k \leq 40$$

•• **116.** Tim muss am Montag und am Dienstag mit dem Zug fahren. Das Ticket am Montag kostet 10 €, das am Dienstag kostet 50 €. Bei beiden Fahrten möchte er ohne Ticket fahren. Ihm ist bekannt, dass im Durchschnitt bei 60 % aller Fahrten die Tickets kontrolliert werden. Wird eine Person beim Schwarzfahren erwischt, so muss sie 60 € bezahlen, mindestens aber den doppelten Fahrpreis.

(a) Erläutern Sie aus mathematischer Sicht, warum sich Tim's Vorhaben nicht lohnen kann.

(b) Wie groß muss der Anteil an Fahrten mit Ticketkontrolle mindestens sein, damit sich Schwarzfahren aus mathematischer Sicht bei diesen Fahrten nicht lohnen kann?

•• **117.** Tim sagt: „Kenne ich die Wahrscheinlichkeitsfunktion einer Zufallsgröße, dann kenne ich auch ihren Erwartungswert“. Sophie sagt: „Kenne ich den Erwartungswert einer Zufallsgröße, dann kenne ich auch ihre Wahrscheinlichkeitsfunktion.“ Beurteilen Sie die beiden Aussagen.

••• **118.** Ein Würfel wird zweimal geworfen. Berechnen Sie den Erwartungswert für die Zufallsgröße X = „Minimum der geworfenen Augenzahl“.

••• **119.** Bei einem Glücksspiel beträgt der Einsatz 1,50 €. Es werden zwei Würfel geworfen und anschließend wird die kleinere von der größeren Zahl abgezogen. Ist diese Differenz gleich 0, so erhält der Spieler 3 €. Ist die Differenz der Augenzahlen 4, werden 4 € ausgezahlt. Bei den Kombinationen 16 bzw. 61 erhält er 8 €.

(a) Wie groß ist der durchschnittliche Gewinn (bzw. Verlust) des Spielers?

(b) Bei welchem Einsatz wäre das Spiel fair?

(c) Machen Sie einen Vorschlag, wie man die Gewinne anpassen könnte, damit das Spiel bei einem Einsatz von 1,50 € fair wäre.

••• **120.** Tim und Sophie treten in einem Spiel gegeneinander an. Es wird eine Münze geworfen. Fällt sie auf Kopf, so erhält der Spieler den doppelten Einsatz zurück. Fällt sie auf Zahl, ist der Einsatz verloren. Es kann maximal 8 Runden gespielt werden. Vergleichen Sie die Strategien der folgenden Spieler:

- Tim: „Ich setze achtmal jeweils einen Euro auf Kopf.“
- Sophie: „Ich setze einen Euro auf Kopf. Gewinne ich, dann höre ich auf. Verliere ich, dann setze ich das Doppelte auf Kopf.“

••• **121.** In einer Urne liegt eine unbekannte Zahl n an Kugeln, sechs davon sind weiß. Wie groß muss n sein, damit beim dreimaligen Ziehen einer Kugel mit Zurücklegen der Erwartungswert der Zufallsgröße X = „Anzahl gezogener schwarzer Kugeln“ den Wert 0,75 annimmt? Begründen Sie rechnerisch.

2.4 Varianz und Standardabweichung

Zwei weitere Kenngrößen, in denen aussagekräftige Informationen über eine Zufallsgröße verdichtet werden, sind die *Varianz* bzw. die *Standardabweichung*. Mit ihnen lässt sich angeben, wie stark die Ausgänge eines Zufallsexperimentes variieren. Bei einem mit Risiko behafteten Spiel beispielsweise helfen die Varianz bzw. die Standardabweichung anzugeben, wie *riskant* es ist.

Varianz und Standardabweichung

Für eine Zufallsgröße $X : \Omega \to \mathbb{R}$ mit der Wertemenge $\mathbb{W} = \{k_1, \dots, k_n\}$, $n \in \mathbb{N}$, sind die *Varianz* $\mathrm{var}(X)$ und die *Standardabweichung* σ bzw. $\sigma(X)$ gegeben durch

$$\mathrm{var}(X) = \mathrm{E}((X - \mathrm{E}(X))^2) = (k_1 - \mathrm{E}(X))^2 \cdot \mathrm{P}(X = k_1) + \dots + (k_n - \mathrm{E}(X))^2 \cdot \mathrm{P}(X = k_n)$$

und

$$\sigma = \sigma(X) = \sqrt{\mathrm{var}(X)}.$$

Beispiel

In einer Urne liegen 2 weiße und 3 schwarze Kugeln. Wir ziehen drei Kugeln ohne Zurücklegen und notieren nacheinander die Farbe der gezogenen Kugel. Berechnen Sie die Varianz und die Standardabweichung der Zufallsgröße X = „Anzahl gezogener schwarzer Kugeln".

Lösung

Mit dem Erwartungswert $\mathrm{E}(X) = 1{,}8$ aus dem Beispiel in Abschnitt 2.3 gilt:

$$\begin{aligned}\mathrm{var}(X) = \mathrm{E}((X - \mathrm{E}(X))^2) &= (1 - \mathrm{E}(X))^2 \cdot \mathrm{P}(X = 1) + (2 - \mathrm{E}(X))^2 \cdot \mathrm{P}(X = 2) + (3 - \mathrm{E}(X))^2 \cdot \mathrm{P}(X = 3) \\ &= (1 - 1{,}8)^2 \cdot \frac{3}{10} + (2 - 1{,}8)^2 \cdot \frac{6}{10} + (3 - 1{,}8)^2 \cdot \frac{1}{10} = 0{,}36 \\ \sigma(X) = \sqrt{\mathrm{var}(X)} &= \sqrt{0{,}36} = 0{,}6\end{aligned}$$

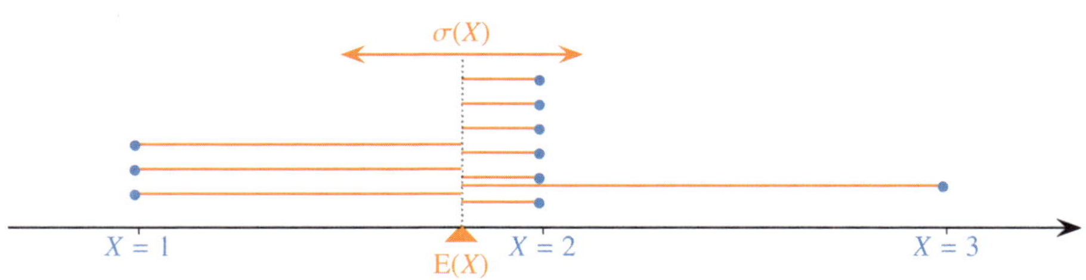

Abb. 2.12: Anschauliche Bedeutung der Standardabweichung

Anschaulich lässt sich die Standardabweichung so vorstellen: Legen wir für alle Werte jeweils Kugeln im Verhältnis der Wahrscheinlichkeiten (hier 3:6:1) auf eine Waage und markieren den Abstand zum Erwartungswert (Abb. 2.12) mit einer Linie, so ist die Standardabweichung ein ungefähres Maß für die Länge dieser Linien.
Ist $\sigma = 0$, variieren die Ergebnisse eines Zufallsexperimentes überhaupt nicht. Je größer σ ist, desto stärker variieren sie.

Rechenregeln für Varianz und Standardabweichung
Für zwei Zufallsgrößen X und Y sowie $a, b \in \mathbb{R}$ gilt:

(a) $\text{var}(aX + b) = a^2 \cdot \text{var}(X)$

(b) $\sigma(aX + b) = |a| \cdot \sigma(X)$

(c) $\text{var}(X + Y) = \text{var}(X) + \text{var}(Y)$, falls X und Y unabhängig

(d) $\sigma(X + Y) = \sqrt{\sigma(X)^2 + \sigma(Y)^2}$, falls X und Y unabhängig

• **122.** Berechnen Sie $\text{var}(X)$ und $\sigma(X)$ der Zufallsgröße X.

(a)

k	1	2	3	4	5
$P(X = k)$	$\frac{1}{10}$	$\frac{3}{20}$	$\frac{9}{20}$	$\frac{1}{4}$	$\frac{1}{20}$

(b)

k	0	1	2	3	4
$P(X = k)$	$\frac{1}{4}$	$\frac{1}{10}$	$\frac{13}{40}$	$\frac{1}{20}$	$\frac{11}{40}$

• **123.** Eine Münze wird einmal geworfen. Fällt sie auf „Kopf", so verliert man 1 €. Fällt sie auf „Zahl", so gewinnt man 1 €. Wir betrachten die Zufallsgröße X = „erzielter Gewinn/Verlust".

(a) Berechnen Sie $E(X)$, $\text{var}(X)$ und $\sigma(X)$.

(b) Wie groß sind $E(X)$, $\text{var}(X)$ und $\sigma(X)$, wenn Gewinn und Verlust verhundertfacht werden?

•• **124.** Es ist eine Zufallsgröße X gegeben. Berechnen Sie den Wert von a so, dass $\sigma(X) = \frac{3}{2}$ gilt.

k	1	0	a
$P(X = k)$	$\frac{1}{2}$	$\frac{1}{4}$	$\frac{1}{4}$

•• **125.** Ein Autobauer stellt fest, dass bei einem Modell zwei Fehler auftreten können und startet eine Rückrufaktion. Nur Fehler A tritt dabei in 20 % aller Fälle auf, nur Fehler B in 4 %. In 1 % aller Fälle treten beide Fehler gleichzeitig auf. Um Fehler A zu beheben, entstehen Kosten von 400 €, im Fall von Fehler B sind es 2 000 €.

(a) Mit welchen durchschnittlichen Kosten ist für ein zufällig ausgewähltes Auto zu rechnen? Wie groß ist die Standardabweichung dieser Kosten?

(b) Mit welchen durchschnittlichen Kosten ist für ein zufällig ausgewähltes fehlerhaftes Auto zu rechnen? Wie groß ist die Standardabweichung dieser Kosten?

•• **126.** Eine Untersuchung hat ergeben, dass die folgenden Verkehrsmittel bei einer Strecke von Stuttgart nach Köln unterschiedliche Verspätungen aufweisen:

Verspätung (in min)	0	15	30	60
Zug	85 %	0 %	10 %	5 %
Bus	60 %	40 %	0 %	0 %

(a) Mit welchen durchschnittlichen Verspätungen muss ein Passagier auf dieser Strecke rechnen, wenn er mit dem Zug bzw. Bus fährt?

(b) Welches Verkehrsmittel hat ein höheres Risiko, eine große Verspätung zu verursachen? Begründen Sie durch Rechnung.

••• **127.** In Abb. 2.13 sind jeweils Schaubilder der Wahrscheinlichkeitsfunktion der Zufallsgrößen X (blau) und Y (orange) dargestellt. Vergleichen Sie jeweils ohne Rechnung die Standardabweichungen der beiden Zufallsgrößen.

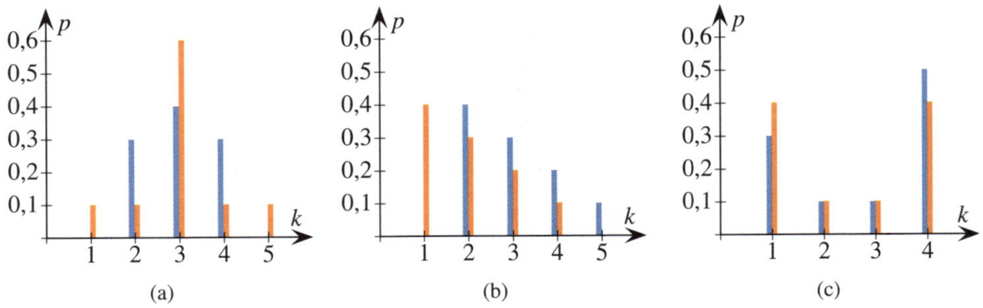

Abb. 2.13: Schaubild zu Aufgabe 127

••• **128.** Ein Anleger möchte einen Betrag von 6 000 € gewinnbringend in Finanzprodukte investieren. Seine Bank bietet ihm ein Festgeld mit einer Laufzeit von einem Jahr und einem Zinssatz von 2,4 % sowie eine Aktie, die voraussichtlich mit einer Wahrscheinlichkeit von 60 % um 20 % steigen und mit einer Wahrscheinlichkeit von 40 % um 24 % fallen wird.

(a) Berechnen Sie den erwarteten Kontostand des Anlegers nach einem Jahr, wenn er ausschließlich in das Festgeld bzw. in die Aktie investiert.

(b) Berechnen Sie jeweils die Standardabweichung des Kontostandes nach einem Jahr für die obigen Geldanlagen.

(c) Wie muss der Anleger sein Geld auf die Finanzprodukte verteilen, um die Standardabweichung des Kontostandes bei gleichbleibendem erwartetem Gewinn auf 500 € zu reduzieren?

••• **129.** Eine Zufallsgröße X nimmt genau die Werte 2, 4 und 5 an. Bestimmen Sie die Wahrscheinlichkeitsfunktion von X, falls bekannt ist, dass $\mathrm{E}(X) = 4{,}5$ und $\mathrm{var}(X) = 1$.

••• **130.** Es sind eine Urne sowie 20 Kugeln gegeben, die jeweils mit Zahlenwerten von 0 bis 100 beschriftet werden können. Diese sollen in der Urne platziert werden, aus der später eine Kugel gezogen werden soll. Wie sind die Kugeln zu beschriften, damit für die gezogene Nummer

(a) der Erwartungswert minimal

(b) der Erwartungswert maximal

(c) die Standardabweichung minimal

(d) die Standardabweichung maximal

ist? Geben Sie alle möglichen Kombinationen an und begründen Sie durch Rechnung.

★ **131.** Eine Zufallsgröße X hat die Wertemenge $\mathbb{W} = \{k_1, \ldots, k_n\}$.

(a) Zeigen Sie, dass sich die Varianz auch durch die Formel $\mathrm{var}(X) = \mathrm{E}(X^2) - (\mathrm{E}(X))^2$ berechnen lässt, wobei die Zahl

$$\mathrm{E}(X^2) = k_1^2 \cdot \mathrm{P}(X = k_1) + \ldots + k_n^2 \cdot \mathrm{P}(X = k_n)$$

das *zweite Moment* von X bezeichnet.

(b) Kürzen Sie damit den Lösungsweg von Aufgabe 124 ab.

Theorie & Aufgaben

3 Spezielle Zufallsgrößen

3.1 Binomialverteilung

In diesem Abschnitt wollen wir ein Experiment mit zwei Ergebnissen („Erfolg" und „Misserfolg") und der Erfolgswahrscheinlichkeit p mehrfach durchführen, wobei die einzelnen Versuche voneinander unabhängig sind. Ein solches Experiment mit n Versuchen heißt *Bernoulli-Kette der Länge n*.

Beispiel

Wir werfen einen Würfel dreimal. Zeichnen Sie ein Baumdiagramm und geben Sie die Wahrscheinlichkeitsfunktion für die Zufallsgröße X = „Anzahl geworfene Sechser" an.

Lösung

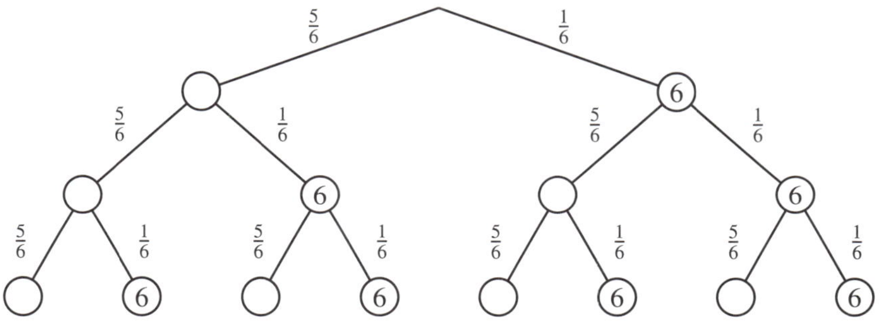

Abb. 3.1: Baumdiagramm zum dreimaligen Wurf eines Würfels

Bei der Erstellung eines Baumdiagramms für n Würfe (hier: $n = 3$, siehe Abb. 3.1) stellen wir fest, dass die Wahrscheinlichkeit für jeden Pfad des Ereignisses X = „k-mal Sechs" den gleichen Aufbau hat. Mit Hilfe der Kombinatorik erkennen wir, dass es jeweils exakt $\binom{n}{k}$ Pfade mit dem gleichen Aufbau gibt („Auf wie viele Arten kann ich k Sechser in einem Pfad der Länge n verteilen?"). Somit erhalten wir die Wahrscheinlichkeit

$$P(X = k) = \underbrace{\binom{3}{k}}_{\text{Anzahl Pfade}} \cdot \underbrace{\left(\frac{1}{6}\right)^k}_{k\text{-mal Sechs}} \cdot \underbrace{\left(\frac{5}{6}\right)^{3-k}}_{(3-k)\text{-mal keine Sechs}}$$

und die in Tab. 3.1 dargestellte Wahrscheinlichkeitsfunktion.

k	0	1	2	3
Anzahl Pfade	$\binom{3}{0} = 1$	$\binom{3}{1} = 3$	$\binom{3}{2} = 3$	$\binom{3}{3} = 1$
$P(X = k)$	$1 \cdot \left(\frac{1}{6}\right)^0 \cdot \left(\frac{5}{6}\right)^3 = \frac{125}{216}$	$3 \cdot \left(\frac{1}{6}\right)^1 \cdot \left(\frac{5}{6}\right)^2 = \frac{75}{216}$	$3 \cdot \left(\frac{1}{6}\right)^2 \cdot \left(\frac{5}{6}\right)^1 = \frac{15}{216}$	$1 \cdot \left(\frac{1}{6}\right)^3 \cdot \left(\frac{5}{6}\right)^0 = \frac{1}{216}$

Tab. 3.1: Wahrscheinlichkeitsfunktion zum dreimaligen Wurf eines Würfels

Somit stellen wir fest, dass die Anzahl der Erfolge in einer Bernoulli-Kette einer besonderen Verteilung unterliegt.

Binomialverteilung

Die Trefferzahl X einer Bernoulli-Kette mit n Versuchen und der Erfolgswahrscheinlichkeit p heißt *binomialverteilt* mit den Parametern n und p. Wir schreiben $X \sim B_{n;\,p}$. Für die Wahrscheinlichkeit, genau k Treffer zu erzielen, gilt:

Anzahl Pfade: $\binom{n}{k}$; Anzahl „Treffer“: k; Anzahl „kein Treffer“: $n-k$; P(Treffer): p; P(kein Treffer): $(1-p)$

$$P(X = k) = \binom{n}{k} \cdot p^k \cdot (1-p)^{n-k}$$

Diese Formel macht das Zeichnen eines Baumdiagrammes in derartigen Fällen überflüssig. Wir können mit einer beliebig großen Anzahl an Versuchen arbeiten. Wahrscheinlichkeitsfunktion und Verteilungsfunktion der Binomialverteilung lassen sich im Taschenrechner meist mit Befehlen wie `Bin` oder `Binom` berechnen.

Beispiel

Ein Würfel wird 5-mal geworfen. Die Zufallsgröße X bezeichnet die Anzahl der geworfenen Sechser. Stellen Sie eine Wertetabelle für die Wahrscheinlichkeitsfunktion auf und zeichnen Sie diese.

Lösung

Die Zufallsgröße X ist binomialverteilt mit den Parametern $n = 5$ und $p = \frac{1}{6}$. Berechnen wir alle Wahrscheinlichkeiten $P(X = k)$ wie etwa

$$P(X = 2) = B_{5;\,\frac{1}{6}}(2) = \binom{5}{2} \cdot \left(\frac{1}{6}\right)^2 \cdot \left(\frac{5}{6}\right)^{5-2} = 0{,}1608,$$

so erhalten wir die folgende Wertetabelle.

k	0	1	2	3	4	5
$P(X = k)$	0,4019	0,4019	0,1608	0,0322	0,0032	0,0001

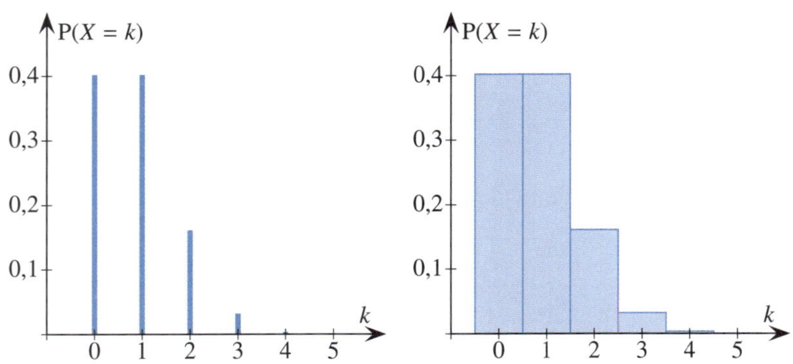

(a) Stabdiagramm (b) Histogramm

Abb. 3.2: Abbildungen der Wahrscheinlichkeitsfunktion von $X \sim B_{5;\,\frac{1}{6}}$

Beispiel

Ein Würfel wird 20-mal geworfen. Die Zufallsgröße X bezeichnet die Anzahl der geworfenen Sechser. Berechnen Sie die folgenden Wahrscheinlichkeiten mit Hilfe eines Taschenrechners.

(a) $P(X = 7)$ (b) $P(X \leq 5)$ (c) $P(X \geq 8)$ (d) $P(7 \leq X \leq 13)$

Lösung

Es gilt $X \sim B_{20;\frac{1}{6}}$. Wir berechnen:

(a) im WTR: `BinomPD`
$P(X = 7) = B_{20;\frac{1}{6}}(7) = 0{,}026$

(b) im WTR: `BinomCD`
$P(X \leq 5) = 0{,}898$

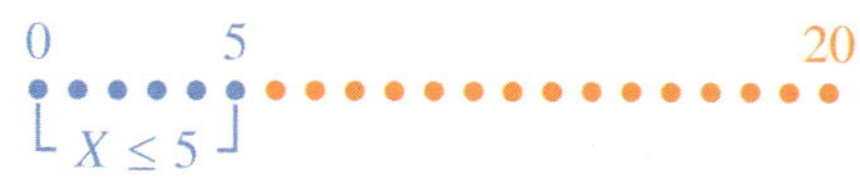

(c) im WTR: Wir betrachten das Gegenereignis.
$P(X \geq 8) = 1 - P(X \leq 7) = 0{,}011$

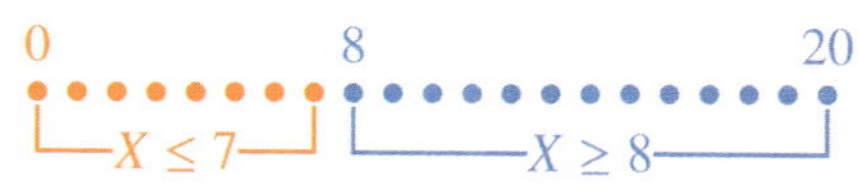

(d) $P(7 \leq X \leq 13)$
$= P(X \leq 13) - P(X \leq 6) = 0{,}037$

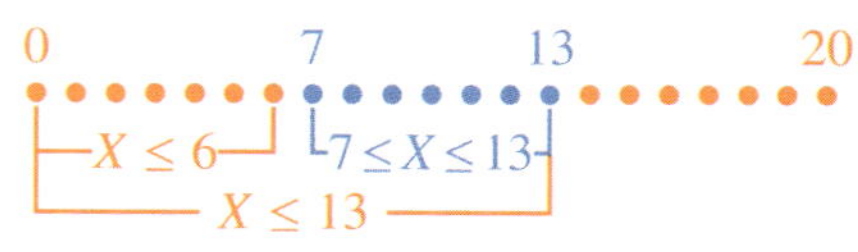

132. Entscheiden Sie mit Begründung, welche der folgenden Zufallsgrößen X binomialverteilt sind. Geben Sie die Werte für n und p an.

(a) Aus einer Urne mit 5 schwarzen und 2 weißen Kugeln werden drei Kugeln ohne Zurücklegen gezogen. X = „Anzahl gezogener schwarzer Kugeln".

(b) Aus einer Urne mit 5 schwarzen und 2 weißen Kugeln werden drei Kugeln mit Zurücklegen gezogen. X = „Anzahl gezogener schwarzer Kugeln".

133. Ergänzen Sie die Werte in den Lücken, so dass sich eine korrekte Wahrscheinlichkeit dafür ergibt, dass eine binomialverteilte Zufallsgröße einen bestimmten Wert annimmt.

(a) $\binom{9}{\square} \cdot 0{,}3^{\square} \cdot \square^{5}$ (b) $\binom{\square}{\square} \cdot 0{,}6^{4} \cdot \square^{8}$ (c) $\binom{\square}{2} \cdot 0{,}8^{9} \cdot \square^{\square}$

134. Stellen Sie die Wahrscheinlichkeitsfunktion für die Zufallsgröße $X \sim B_{n;p}$ tabellarisch auf und zeichnen Sie diese in ein Stabdiagramm.

(a) $n = 6,\ p = \frac{7}{10}$ (b) $n = 8,\ p = \frac{1}{2}$

• **135.** Ein Würfel wird fünfmal geworfen. Berechnen Sie die Wahrscheinlichkeiten der folgenden Ereignisse.

(a) genau dreimal 6
(b) höchstens eine 1
(c) keine 5
(d) mindestens eine 6
(e) genau eine gerade Zahl
(f) mehr als drei Würfel ≥ 3

• **136.** Ein Biathlet gibt 10 Schüsse auf eine Zielscheibe ab. Einen einzelnen Schuss trifft er mit einer Wahrscheinlichkeit von 80 %. Berechnen Sie die Wahrscheinlichkeiten der folgenden Ereignisse.

(a) genau 7 Treffer
(b) mehr als 8 Treffer
(c) mindestens 8 Treffer
(d) weniger als 6 Treffer

• **137.** Eine Münze wird 100-mal geworfen. Berechnen Sie die Wahrscheinlichkeiten der folgenden Ereignisse.

(a) höchstens 45-mal Kopf
(b) mindestens 55-mal Kopf
(c) zwischen 40- und 60-mal Kopf
(d) zwischen 45- und 55-mal Kopf

•• **138.** Eine Familie möchte im September einen einwöchigen Segelurlaub machen. Für diesen Monat ist bekannt, dass im Durchschnitt an 20 Tagen ausreichend Wind vorhanden ist. Mit welcher Wahrscheinlichkeit herrscht während des Urlaubs an mindestens 5 Tagen ausreichender Wind?

•• **139.** Ein Würfel wird mehrmals geworfen. Geben Sie eine geeignete Fragestellung an, die sich mit dem folgenden Ansatz lösen lässt.

(a) $\binom{7}{2}\cdot\left(\frac{1}{6}\right)^2\cdot\left(\frac{5}{6}\right)^5$
(b) $\binom{10}{3}\cdot\left(\frac{1}{3}\right)^3\cdot\left(\frac{2}{3}\right)^7$
(c) $1-\binom{8}{0}\cdot\left(\frac{1}{2}\right)^{10}$
(d) $\binom{4}{3}\cdot\left(\frac{1}{6}\right)^3\cdot\frac{5}{6}+\left(\frac{1}{6}\right)^4$

•• **140.** Tim und Sophie spielen Tennis.

(a) Die Wahrscheinlichkeit, dass Sophie einen einzelnen Punkt macht, liegt bei 60 %. Sie spielen 8 Punkte aus. Entscheiden Sie mit Hilfe von Abb. 3.3a, welche dieser Aussagen korrekt sind.
  (i) P(Sophie macht mindestens 6 Punkte) $\approx 0{,}32$
  (ii) P(Sophie macht weniger als 4 Punkte) $\approx 0{,}29$

(b) Tim hat trainiert. Die Wahrscheinlichkeit, dass Sophie einen einzelnen Punkt macht, liegt nun bei 51 %. Sie spielen 12 Punkte aus. Entscheiden Sie mit Hilfe von Abb. 3.3b, welche dieser Aussagen korrekt sind.
  (i) P(Sophie macht höchstens 8 Punkte) $\approx 0{,}82$
  (ii) P(Sophie macht genau 6 Punkte) $\approx 0{,}23$

•• **141.** Ein Schüler nimmt an einem Multiple-Choice-Test teil. Dieser besteht aus Fragen mit je 4 Auswahlmöglichkeiten. Zum Bestehen muss mindestens die Hälfte aller Fragen richtig beantwortet werden. Berechnen Sie die Wahrscheinlichkeit, dass der Schüler den Test besteht, wenn sich der Test aus

(a) 10 Fragen zusammensetzt und der Schüler alle Lösungen rät;
(b) 20 Fragen zusammensetzt und der Schüler alle Lösungen rät;
(c) 20 Fragen zusammensetzt, der Schüler 4 Fragen richtig beantworten kann und die restlichen Lösungen rät;
(d) Warum sind die Wahrscheinlichkeiten der Teilaufgaben (a) und (b) unterschiedlich? Erläutern Sie.

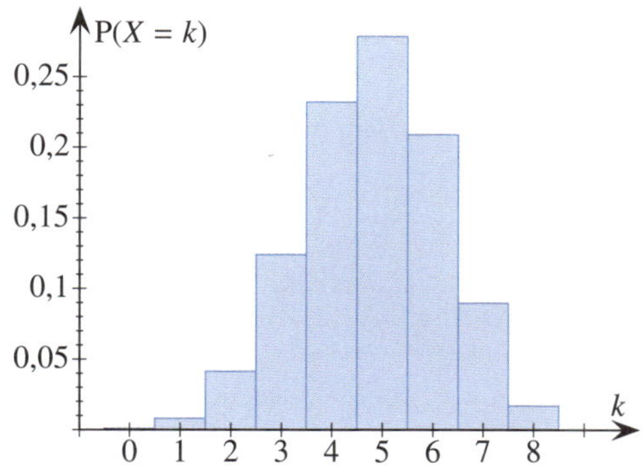

(a) $X \sim B_{8;0,6}$

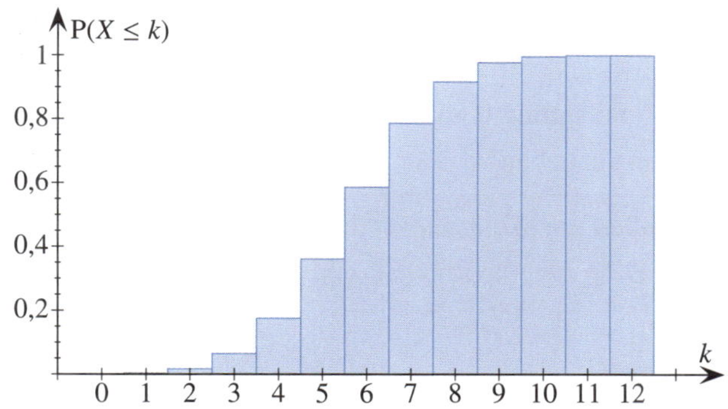

(b) $X \sim B_{12;0,51}$

Abb. 3.3: Schaubilder zu Aufgabe 140

•• **142.** Ein Flugzeug hat 240 Sitze. Es haben 250 Kunden einen Flug gebucht, da die Fluggesellschaft davon ausgeht, dass im Schnitt 6 % aller Kunden ihren Flug nicht antreten. Mit welcher Wahrscheinlichkeit ist genau dieser Flug überbucht?

•• **143.** Ein Biathlet gibt 20 Schüsse auf eine Zielscheibe ab. Die Trefferwahrscheinlichkeit für einen einzelnen Schuss ist p.

(a) (•) Es gilt $p = 0{,}9$. Wie groß ist die Wahrscheinlichkeit, 20 Treffer zu erzielen?

(b) Wie groß muss p sein, damit die Wahrscheinlichkeit, 20 Treffer zu erzielen, bei mindestens 50 % liegt?

(c) Es gilt $p = 0{,}9$. Wie viele Schüsse darf er maximal abgeben, damit die Wahrscheinlichkeit, alle Schüsse zu treffen, mindestens bei 50 % liegt?

(d) (•••) Ermitteln Sie durch systematisches Ausprobieren, für welche Werte von p die Wahrscheinlichkeit, dass der Biathlet höchstens 18 Treffer erzielt, bei unter 10 % liegt.

••• **144.** Bei einem Radioquiz werden einem Teilnehmer x Fragen gestellt, die er nur mit „ja" oder „nein" beantworten kann. Von diesen muss er mindestens die Hälfte richtig beantworten, um einen Preis zu gewinnen. Das in Abb. 3.4 dargestellte Schaubild der Funktion f gibt seine Gewinnwahrscheinlichkeit an, wenn er alle Antworten raten muss. Interpretieren Sie den Verlauf des Schaubilds im Sachzusammenhang.

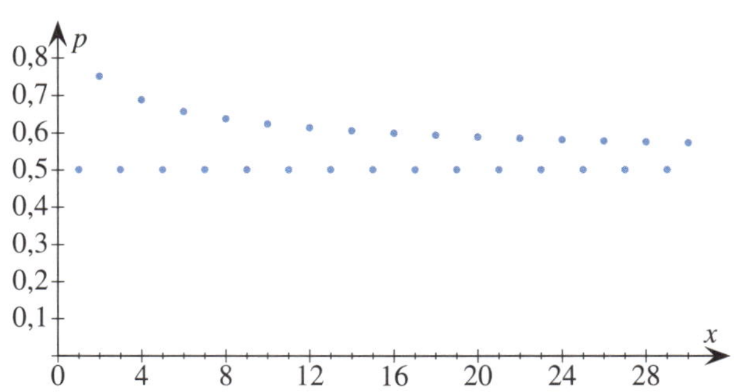

Abb. 3.4: Schaubild zu Aufgabe 144

••• **145.** Zwei Basketballteams treten im System „Best of Seven" gegeneinander an (maximal 7 Spiele; wer zuerst vier Spiele gewinnt, ist der Gesamtsieger). Team A gewinnt etwa 60 % der Duelle. Mit welcher Wahrscheinlichkeit gewinnt Team A auch in diesem Modus?

3.2 Erwartungswert und Standardabweichung der Binomialverteilung

Ist eine Zufallsgröße binomialverteilt, dann lassen sich die Kenngrößen *Erwartungswert* und *Standardabweichung* direkt angeben.

> **Kenngrößen der Binomialverteilung**
> Für eine $B_{n;\,p}$-verteilte Zufallsgröße X gilt $\mu = E(X) = np$ sowie $\sigma = \sigma(X) = \sqrt{np(1-p)}$.

Beispiel

Ein Würfel wird 180-mal geworfen. Die Zufallsgröße X bezeichnet die Anzahl der geworfenen Sechser. Berechnen Sie $E(X)$ und $\sigma(X)$.

Lösung

$$E(X) = np = 180 \cdot \frac{1}{6} = 30, \qquad \sigma(X) = \sqrt{np(1-p)} = \sqrt{180 \cdot \frac{1}{6} \cdot \left(1 - \frac{1}{6}\right)} = 5$$

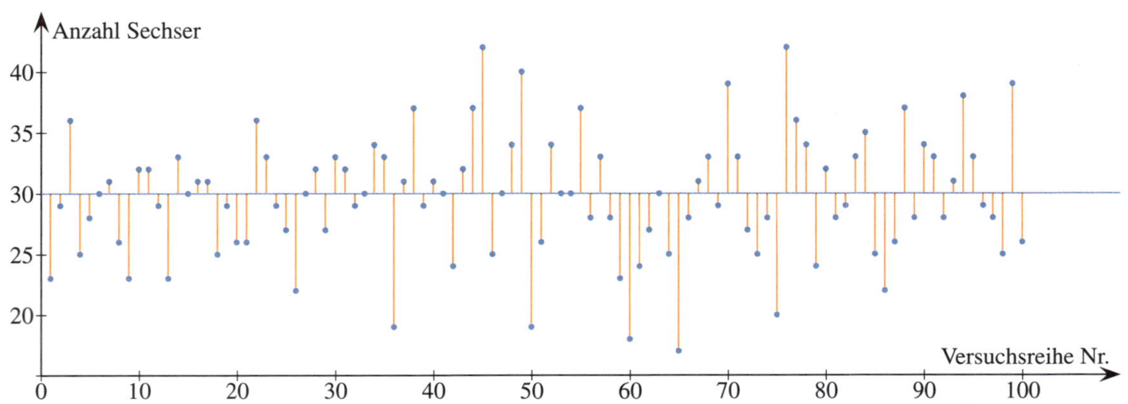

Abb. 3.5: Simulation von 100 Versuchsreihen mit je 180 Würfen eines Würfels

Nun variieren wir die Parameter der Binomialverteilung. Bei gleichbleibendem n gilt: Je größer p ist, desto größer ist auch der Erwartungswert. Je näher p an $\frac{1}{2}$ liegt, desto größer ist die Standardabweichung (Abb. 3.6).

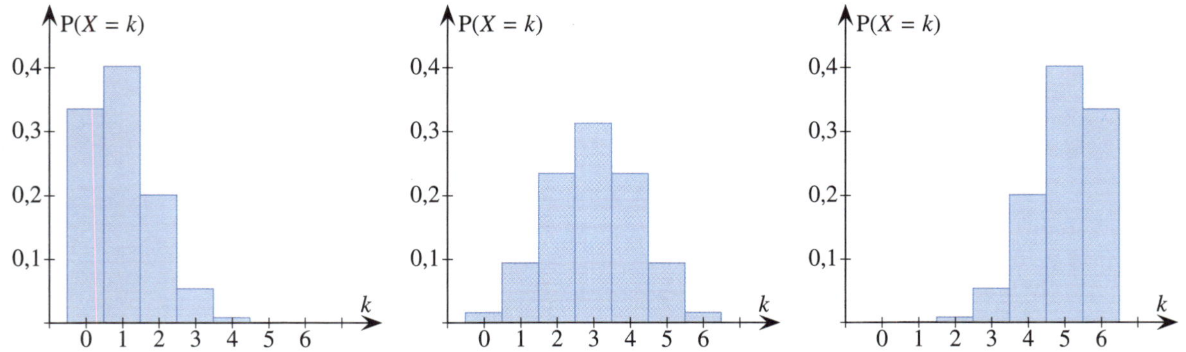

(a) $p = \frac{1}{6}$: $X \sim B_{6;\,\frac{1}{6}}$, $\mu = 1$, $\sigma \approx 0{,}9$

(b) $p = \frac{1}{2}$: $X \sim B_{6;\,\frac{1}{2}}$, $\mu = 3$, $\sigma \approx 1{,}2$

(c) $p = \frac{5}{6}$: $X \sim B_{6;\,\frac{5}{6}}$, $\mu = 5$, $\sigma \approx 0{,}9$

Abb. 3.6: Erwartungswert steigt, Histogramm verlagert sich nach rechts

Bei gleichbleibendem p gilt: Je größer n ist, desto größer ist auch der Erwartungswert und die Standardabweichung. Zudem wird das Histogramm breiter und flacher (Abb. 3.7).

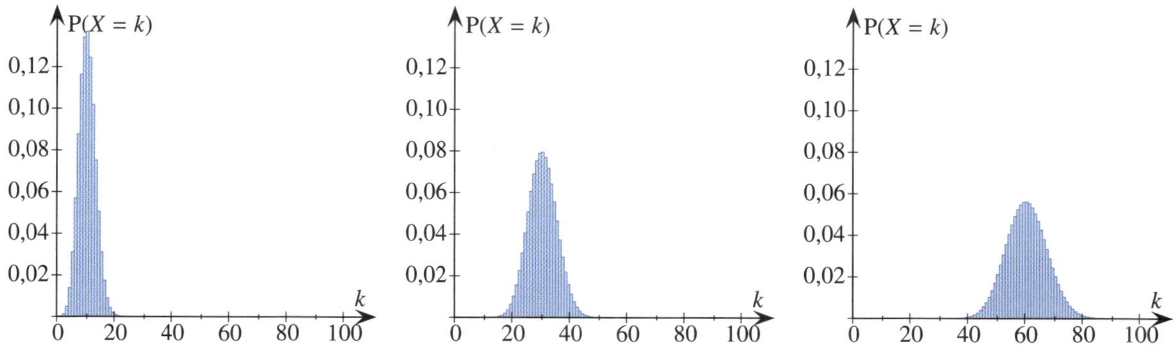

(a) $n = 60$: $X \sim B_{60;\,\frac{1}{6}}$, $\mu = 10$, $\sigma \approx 2{,}9$ (b) $n = 180$: $X \sim B_{180;\,\frac{1}{6}}$, $\mu = 30$, $\sigma = 5$ (c) $n = 360$: $X \sim B_{360;\,\frac{1}{6}}$, $\mu = 60$, $\sigma \approx 7{,}1$

Abb. 3.7: Erwartungswert steigt, Standardabweichung steigt, Histogramm wird breiter und flacher

Verbindet man die Balkenspitzen im Schaubild der Wahrscheinlichkeitsfunktion, so hat die entstehende Kurve ungefähr an der Stelle μ eine Extremstelle und in $\mu-\sigma$ und $\mu+\sigma$ Wendestellen. So lassen sich aus dem Schaubild der Wahrscheinlichkeitsfunktion die Kenngrößen der Binomialverteilung schätzen.

• **146.** Berechnen Sie den Erwartungswert $E(X)$ und die Standardabweichung $\sigma(X)$ für die Zufallsgröße X.

(a) $X \sim B_{12;\,\frac{1}{4}}$ (b) $X \sim B_{16;\,\frac{1}{2}}$ (c) $X \sim B_{100;\,\frac{9}{10}}$ (d) $X \sim B_{60;\,\frac{3}{8}}$

• **147.** Berechnen Sie die fehlenden Werte für die binomialverteilten Zufallsgrößen $X \sim B_{n;\,p}$.

(a) $n = 18$, $p = \square$, $E(X) = 12$, $\sigma(X) = \square$

(b) $n = \square$, $p = \frac{4}{5}$, $E(X) = 20$, $\sigma(X) = \square$

(c) (••) $n = \square$, $p = \frac{5}{6}$, $E(X) = \square$, $\sigma(X) = \frac{5}{3}$

(d) (••) $n = 64$, $p = \square$, $E(X) = \square$, $\sigma(X) = 4$

•• **148.** In Abb. 3.8 sind Ausschnitte von Wahrscheinlichkeitsfunktionen binomialverteilter Zufallsgrößen gegeben. Ordnen Sie die Schaubilder den folgenden Zufallsgrößen zu.

(i) $X \sim B_{25;\,\frac{4}{5}}$ (ii) $X \sim B_{30;\,\frac{1}{2}}$ (iii) $X \sim B_{100;\,\frac{1}{5}}$

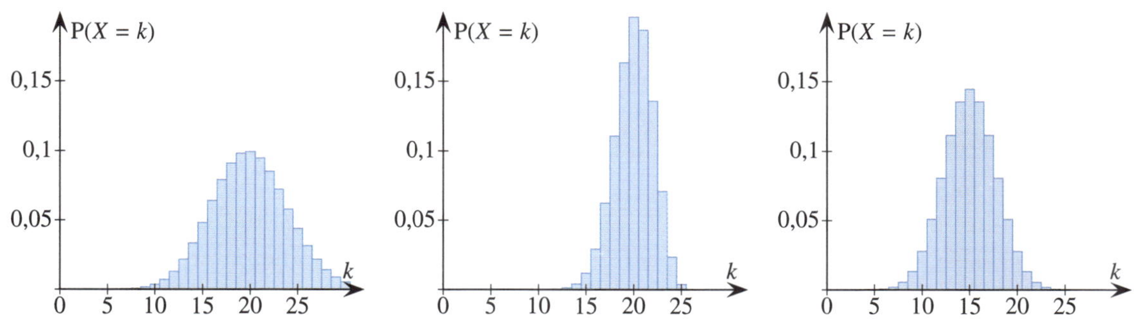

(a) (b) (c)

Abb. 3.8: Schaubilder zu Aufgabe 148

•• **149.** In Abb. 3.9 sind Ausschnitte von Wahrscheinlichkeitsfunktionen zweier binomialverteilter Zufallsgrößen gegeben. Schätzen Sie jeweils die Parameter μ und σ.

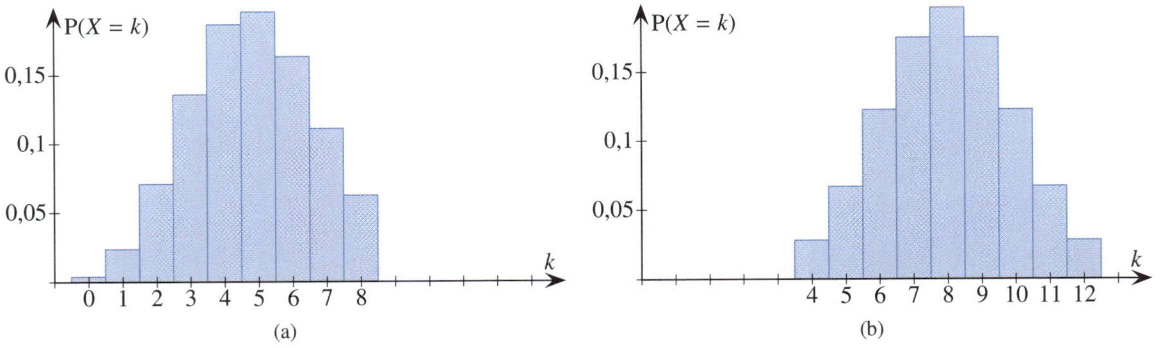

Abb. 3.9: Schaubilder zu Aufgabe 149

•• **150.** Auf einem Sektempfang befinden sich 80 Personen, von denen jeder mit einer Wahrscheinlichkeit von 60 % ein 0,1-Literglas Sekt trinkt und mit 40 % keines. Die verfügbaren Sektflaschen haben ein Volumen von 0,7 Litern.

(a) Mit wie vielen vollen Sektgläsern ist im Durchschnitt zu rechnen?

(b) Der Gastgeber hat vor, 7 Flaschen Sekt bereitzustellen. Nehmen Sie dazu Stellung.

•• **151.** Ein Glücksrad besteht aus 36 gleich großen Feldern, wobei eines davon einen Gewinn von 30 € enthält. Die restlichen Felder enthalten keinen Gewinn. Der Spieleinsatz für ein einmaliges Drehen beträgt 1,50 €.

(a) Es wird geschätzt, dass 200 Menschen das Glücksrad drehen. Mit welcher Wahrscheinlichkeit werden mindestens 7 Gewinne erzielt?

(b) Mit wie viel Reingewinn kann der Betreiber im Schnitt rechnen?

(c) Wie hoch muss der Einsatz mindestens sein, damit der Betreiber im Schnitt überhaupt Gewinn macht?

(d) Wie oft müsste der Gewinn mindestens gedreht werden, damit der Betreiber bei einem Einsatz von 1,50 € Verlust machen würde? Mit welcher Wahrscheinlichkeit würde dieser Fall tatsächlich eintreten?

••• **152.** Berechnen Sie die fehlenden Werte für die binomialverteilte Zufallsgröße $X \sim B_{n;\,p}$.

$$n = ☐, \quad p = ☐, \quad E(X) = 6{,}3, \quad \sigma(X) = 2{,}1$$

••• **153.** Es ist die Zufallsgröße $X \sim B_{n;\,p}$ mit dem Erwartungswert μ und der Standardabweichung σ gegeben. Ergänzen Sie die folgenden Sätze und begründen Sie Ihre Entscheidung.

(a) Verdoppeln wir die Anzahl der Versuche auf $2n$, dann erhöht sich der Erwartungswert um den Faktor ☐ und erhöht sich die Standardabweichung um den Faktor ☐.

(b) Nun ist $p = \frac{1}{5}$ gegeben. Erhöhen wir p um den Faktor 2,5, dann erhöht sich der Erwartungswert um den Faktor ☐ und erhöht sich die Standardabweichung um den Faktor ☐.

3.3 Standardnormalverteilung*

Standardnormalverteilung
Eine Zufallsgröße X heißt *standardnormalverteilt*, wenn ihre Verteilungsfunktion Φ durch

$$\Phi(x) = \mathrm{P}(X \leq x) = \int_{-\infty}^{x} \frac{1}{\sqrt{2\pi}} \mathrm{e}^{-\frac{1}{2}t^2}\,\mathrm{d}t$$

gegeben ist (Abb. 3.10b). Wir schreiben $X \sim \mathcal{N}_{0;1}$.

Die Funktion φ mit $\varphi(x) = \frac{1}{\sqrt{2\pi}}\mathrm{e}^{-\frac{1}{2}x^2}$ (Abb. 3.10a) ist die 1. Ableitung von Φ. Sie ist eine sogenannte *Dichtefunktion* und gibt an, ob ein Ereignis in einem bestimmten Bereich eher häufiger oder seltener auftritt. Es gilt $\mathrm{E}(X) = 0$ (lokale Extremstelle von φ) und $\sigma(X) = 1$ (Wendestellen -1 und 1 von φ).

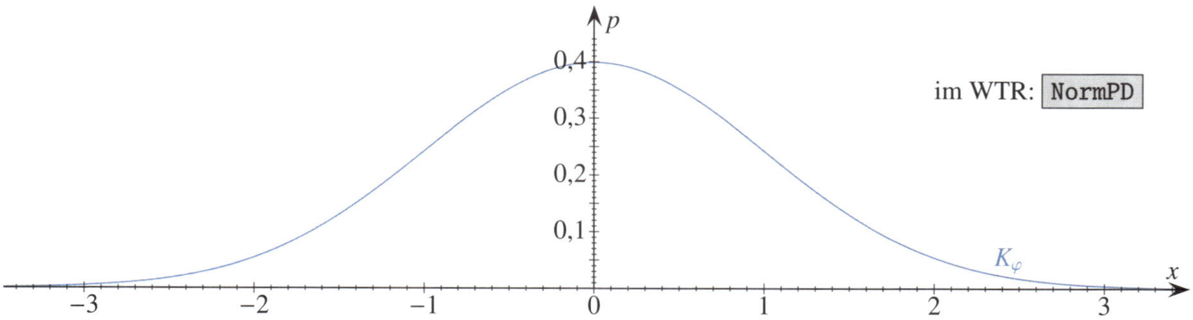

(a) $X \sim \mathcal{N}_{0;1}$. Schaubild der Wahrscheinlichkeitsfunktion φ.

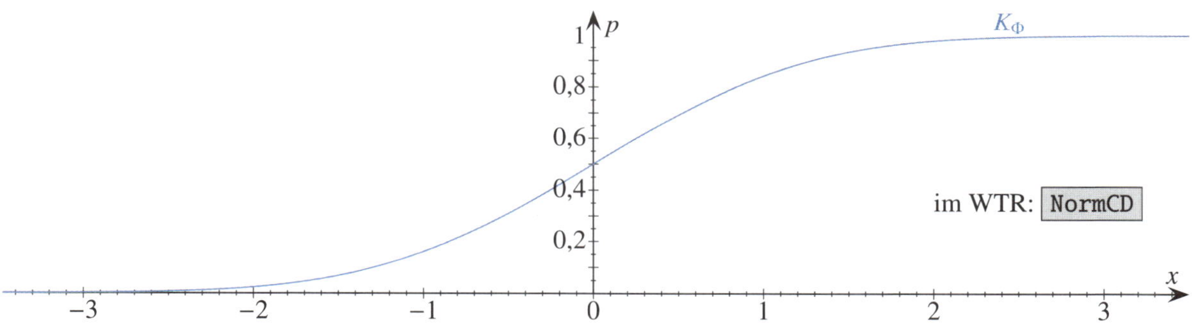

(b) $X \sim \mathcal{N}_{0;1}$. Schaubild der Verteilungsfunktion Φ.

Abb. 3.10: Schaubilder zur Standardnormalverteilung

• **154.** Eine Zufallsgröße X ist standardnormalverteilt. Berechnen Sie.

(a) $\mathrm{P}(-1 \leq X \leq 1)$
(b) $\mathrm{P}(-2 \leq X \leq 2)$
(c) $\mathrm{P}(-3 \leq X \leq 3)$
(d) $\mathrm{P}(-1{,}64 \leq X \leq 1{,}64)$
(e) $\mathrm{P}(-1{,}96 \leq X \leq 1{,}96)$
(f) $\mathrm{P}(-2{,}58 \leq X \leq 2{,}58)$

•• **155.** Eine Zufallsgröße X ist standardnormalverteilt. Entscheiden Sie mit Hilfe von Abb. 3.10b, welche der folgenden Aussagen richtig sind.

(a) $\mathrm{P}(X \leq 0{,}5) \approx 0{,}50$
(b) $\mathrm{P}(X \geq 1) \approx 0{,}16$
(c) $\mathrm{P}(X \in [0;\,2]) \approx 0{,}36$

156. Eine Zufallsgröße X ist standardnormalverteilt.

(a) Zeigen Sie mit Hilfe Ihres Wissens aus Analysis, dass die lokale Extremstelle der Dichtefunktion φ in $x = 0$ und die Wendestellen in $x_{1/2} = \pm 1$ vorliegen.

(b) Erläutern Sie, wie die Dichtefunktion φ_{neu} mit

$$\varphi_{\text{neu}}(x) = \frac{1}{\sigma\sqrt{2\pi}} e^{-\frac{1}{2}\left(\frac{x-\mu}{\sigma}\right)^2}$$

einer normalverteilten Zufallsgröße mit dem Erwartungswert μ und der Standardabweichung σ aus dem Schaubild der Funktion φ hervorgeht.

(c) Wo liegen die lokalen Extrem- und Wendestellen der Wahrscheinlichkeitsfunktion einer normalverteilten Zufallsgröße mit dem Erwartungswert μ und der Standardabweichung σ?

(d) In Abb. 3.11 sind die Dichtefunktionen zweier normalverteilter Zufallsgrößen dargestellt. Schätzen Sie jeweils die Parameter μ und σ.

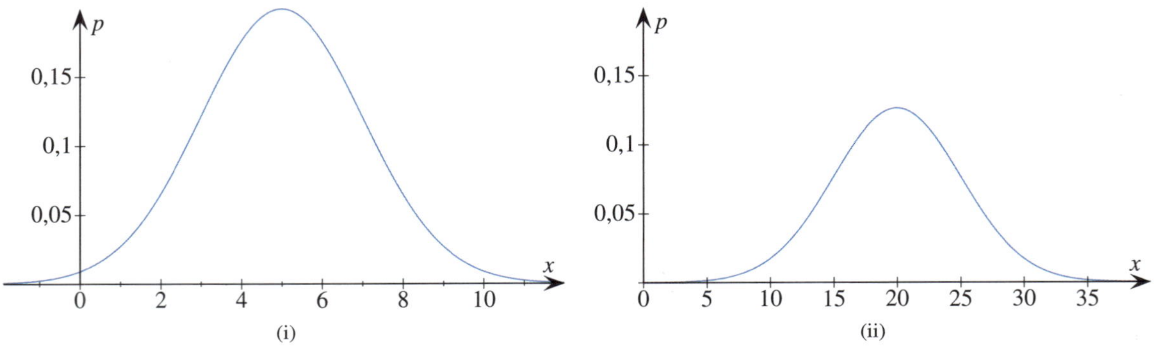

Abb. 3.11: Schaubilder zu Aufgabe 156

157. In Abb. 3.10a ist das Schaubild K_φ der Dichtefunktion φ einer standardnormalverteilten Zufallsgröße dargestellt. Wählt man einen geeigneten Wert für z, so hat die Fläche zwischen K_φ und der x-Achse innerhalb des Intervalls $[-z; z]$ einen fest vorgegebenen Flächenanteil.

(a) Zeigen Sie mit Hilfe der Schaubilder 3.10a und 3.10b, dass dieser Flächenanteil bei der Wahl $z = 1{,}96$ ungefähr bei 95 % liegt.

(b) Geben Sie einen Wert für z an, so dass dieser Flächenanteil ungefähr bei 90 % liegt.

(c) Begründen Sie, dass die Aussagen aus (a) und (b) auch für den Flächenanteil bei einer normalverteilten Zufallsgröße mit den Parametern μ und σ gelten, wenn man deren Dichtefunktion

$$\varphi_{\text{neu}}(x) = \frac{1}{\sigma\sqrt{2\pi}} e^{-\frac{1}{2}\left(\frac{x-\mu}{\sigma}\right)^2}$$

und das Intervall $[\mu - z\sigma; \mu + z\sigma]$ verwendet.

3.4 Approximation der Binomialverteilung für großes n*

Je größer die Anzahl der Versuche in einem Zufallsexperiment ist, desto mehr stellt man bei der Untersuchung der Ergebnisse eine gewisse Regelmäßigkeit fest. Spätestens beim Zeichnen der Stabdiagramme von Binomialverteilungen fällt auf, dass diese für wachsendes n immer mehr die Form einer Glockenkurve annehmen (Abb. 3.12). Diese Erkenntnis können wir nutzen, um bestimmte Prognoseintervalle (Abschnitt 3.5) anzugeben, innerhalb derer die Ergebnisse eines Zufallsexperiments liegen. Als es noch keine Taschenrechner gab, nutzte man diese Formel gemeinsam mit Zahlentabellen zum schnellen Schätzen von Wahrscheinlichkeiten.

Lokale und integrale Näherungsformel

Bei einer Zufallsgröße X mit $X \sim \mathrm{B}_{n;\,p}$ kann

(a) die Wahrscheinlichkeit $\mathrm{P}(X = k)$ angenähert werden durch:

$$\mathrm{P}(X = k) = \mathrm{B}_{n;\,p}(k) \approx \frac{1}{\sqrt{2\pi np(1-p)}}\mathrm{e}^{-\frac{(k-np)^2}{2np(1-p)}}$$

(b) die Wahrscheinlichkeit $\mathrm{P}(X \le k)$ angenähert werden durch:

$$\mathrm{P}(X \le k) \approx \Phi\left(\frac{k - np + 0{,}5}{\sqrt{np(1-p)}}\right)$$

Diese Näherung ist gut, wenn $\sigma(X) > 3$ (*Laplace-Bedingung*). X heißt dann *annähernd normalverteilt*.

Beispiel

Ein Würfel wird mehrmals geworfen. Zeichnen Sie ein Stabdiagramm für die Zufallsgröße X = „Anzahl geworfene Sechser“ und die lokale Näherungskurve in ein gemeinsames Koordinatensystem, wenn der Würfel

(a) 5-mal

(b) 80-mal

geworfen wird.

Lösung

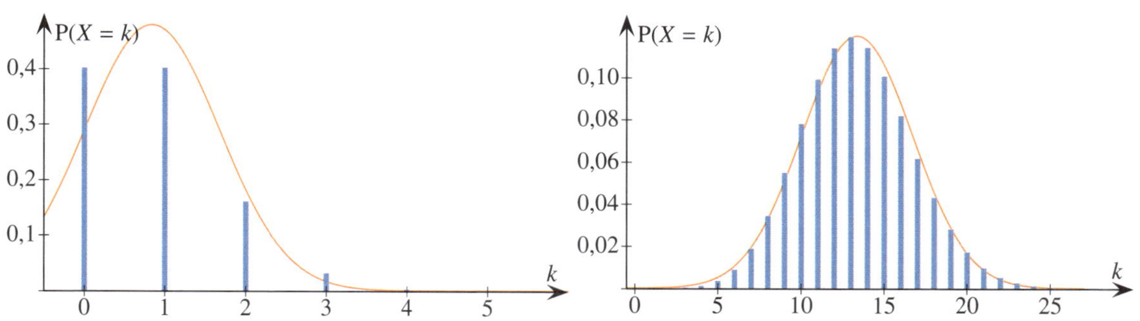

(a) $X \sim \mathrm{B}_{5;\,\frac{1}{6}}$, $\sigma = \frac{5}{6} < 3$

(b) $X \sim \mathrm{B}_{80;\,\frac{1}{6}}$, $\sigma = \frac{10}{3} > 3$

Abb. 3.12: lokale Näherungen binomialverteilter Zufallsgrößen

•• **158.** Im Durchschnitt leidet jeder fünfte Schüler an regelmäßigen Kopfschmerzen. Berechnen Sie näherungsweise die Wahrscheinlichkeit, dass unter 100 befragten Schülern exakt 20 an Kopfschmerzen leiden. Nutzen Sie hierfür die Näherung $\frac{1}{\sqrt{2\pi}} = 0{,}4$.

•• **159.** In Island regnet es im Durchschnitt jeden zweiten Tag. Berechnen Sie die Wahrscheinlichkeit, dass es innerhalb der nächsten 400 Tage dort

(a) höchstens 180 Tage (b) mindestens 210 Tage (c) zwischen 195 und 205 Tagen

regnet. Nutzen Sie dafür einen oder mehrere der folgenden Werte:

$$\Phi(-1{,}95) = 0{,}026 \quad \Phi(-0{,}55) = 0{,}291 \quad \Phi(0{,}55) = 0{,}709 \quad \Phi(1{,}05) = 0{,}853$$
$$\Phi(-0{,}95) = 0{,}171 \quad \Phi(-0{,}45) = 0{,}326 \quad \Phi(0{,}95) = 0{,}829 \quad \Phi(1{,}95) = 0{,}974$$

•• **160.** Eine Universität führt einen Aufnahmetest für 4 050 Studienbewerber durch. Erfahrungsgemäß bestehen diesen nur $\frac{1}{9}$ der Bewerber. Geben Sie jeweils eine Fragestellung an, die mit der folgenden Berechnung gelöst wird.

(a) $\Phi\left(\frac{400-450+0{,}5}{20}\right) = \Phi(-2{,}475) = 0{,}0067$

(b) $1 - \Phi\left(\frac{419-450+0{,}5}{20}\right) = 1 - \Phi(-1{,}525) = 0{,}936$

(c) (•••) $\Phi(1{,}525) - \Phi(-0{,}525) = 0{,}637$

•• **161.** Die Binomialverteilung mit den Parametern n und p kann für großes n und $\sigma > 3$ durch eine Normalverteilung mit dem Erwartungswert np und der Varianz $np(1-p)$ angenähert werden. Bestätigen Sie diese These, indem Sie die Zahlenwerte in der folgenden Tabelle für $n = 48$ und $p = \frac{1}{4}$ ergänzen. Beschreiben Sie zudem das Verhalten der von Ihnen beobachteten Werte.

k	6	8	10	12	14	16	18
$B_{n;\,p}(k)$	0,0169						
Näherung in k	0,0180						
absoluter Fehler	0,0011						
relativer Fehler	6,51 %						

••• **162.** Der aktuelle Abiturjahrgang an einer Schule mit 1 600 Schülern wird eine Abiturzeitung drucken. Aus den Vorjahren ist bekannt, dass diese im Durchschnitt von 50 % aller Schüler gekauft wird. Eine Zeitung soll für 5 € verkauft werden, die Druckkosten betragen 2,50 € je Exemplar.

(a) Der Jahrgang entscheidet sich, 830 Exemplare zu drucken. Mit welcher Wahrscheinlichkeit erhält jeder am Kauf interessierte Schüler eine Zeitschrift?

(b) Wie groß ist die Wahrscheinlichkeit, dass die Anzahl der verkauften Exemplare um höchstens 20 von Erwartungswert abweicht?

(c) Erläutern Sie im Sachzusammenhang, was mit dem folgenden Term berechnet wird:

$$5 \cdot (0 \cdot B_{1\,600;\,0{,}5}(0) + 1 \cdot B_{1\,600;\,0{,}5}(1) + 2 \cdot B_{1\,600;\,0{,}5}(2) + \ldots + 830 \cdot B_{1\,600;\,0{,}5}(\geq 830)) - 2{,}5 \cdot 830$$

3.5 Prognoseintervalle und Sigma-Regeln

Vor der Durchführung von Zufallsexperimenten mit vielen Versuchen ist es oftmals sinnvoll, bereits im Vorfeld eine Prognose über das zu erwartende Ergebnis abzugeben. Besonders geeignet sind Aussagen wie z.B. „das Ergebnis liegt mit der Wahrscheinlichkeit γ im Intervall …“. Diese Bereiche heißen *Prognoseintervalle*, der Wert γ heißt *Sicherheitswahrscheinlichkeit*. Sehr praktikable Aussagen lassen sich über Intervalle gewinnen, die symmetrisch zum Erwartungswert sind.

Sobald sich eine Binomialverteilung ausreichend genau durch eine Normalverteilung annähern lässt (Abschnitte 3.3, 3.4), lassen sich mit den sogenannten *Sigma-Regeln* besondere Prognoseintervalle angeben. Liegt das tatsächliche Versuchsergebnis außerhalb eines Prognoseintervalls, so sprechen wir von einer signifikanten Abweichung.

Sigma-Regeln

Für eine Zufallsgröße $X \sim B_{n;p}$ liegen etwa

- 68,3 % aller Realisierungen innerhalb des Intervalls $[\mu - 1 \cdot \sigma; \mu + 1 \cdot \sigma]$ (1σ-Regel, Abb. 3.13);
- 95,4 % aller Realisierungen innerhalb des Intervalls $[\mu - 2 \cdot \sigma; \mu + 2 \cdot \sigma]$ (2σ-Regel, Abb. 3.14);
- 99,7 % aller Realisierungen innerhalb des Intervalls $[\mu - 3 \cdot \sigma; \mu + 3 \cdot \sigma]$ (3σ-Regel, Abb. 3.15).

Diese Regel wird mit wachsendem n immer genauer.

Hinweis: Allgemein liegt ein Anteil von γ aller Realisierungen innerhalb des Intervalls $[\mu - z\sigma; \mu + z\sigma]$, wobei die entsprechenden z-Werte aus Tab. 3.2 zu entnehmen sind. Diese Regeln können mit Hilfe von Aufgabe 157 anschaulich hergeleitet werden.

Sicherheitswahrscheinlichkeit γ	68,3 %	90 %	95 %	95,4 %	99 %	99,7 %	99,9 %
z-Wert	1	1,64	1,96	2	2,58	3	3,29

Tab. 3.2: z-Werte zu verschiedenen Sicherheitswahrscheinlichkeiten

Beispiel

Ein Würfel wird 180-mal geworfen. Die Zufallsgröße X bezeichnet die Anzahl der geworfenen Sechser. Geben Sie die Prognoseintervalle zu den Wahrscheinlichkeiten 68,3 %, 95,4 % und 99,7 % an.

Lösung

Wir berechnen

$$E(X) = np = 180 \cdot \frac{1}{6} = 30, \qquad \sigma(X) = \sqrt{np(1-p)} = \sqrt{180 \cdot \frac{1}{6} \cdot \frac{5}{6}} = 5.$$

- Prognoseintervall mit der 1σ-Regel: $[\mu - \sigma; \mu + \sigma]$, also $[25; 35]$
- Prognoseintervall mit der 2σ-Regel: $[\mu - 2\sigma; \mu + 2\sigma]$, also $[20; 40]$
- Prognoseintervall mit der 3σ-Regel: $[\mu - 3\sigma; \mu + 3\sigma]$, also $[15; 45]$

In Abb. 3.13, 3.14 und 3.15 werden diese Prognoseintervalle graphisch dargestellt und einem Praxistest unterzogen, bei dem in jeder der 100 Versuchsreihen ein Würfel je 180-mal geworfen wird.

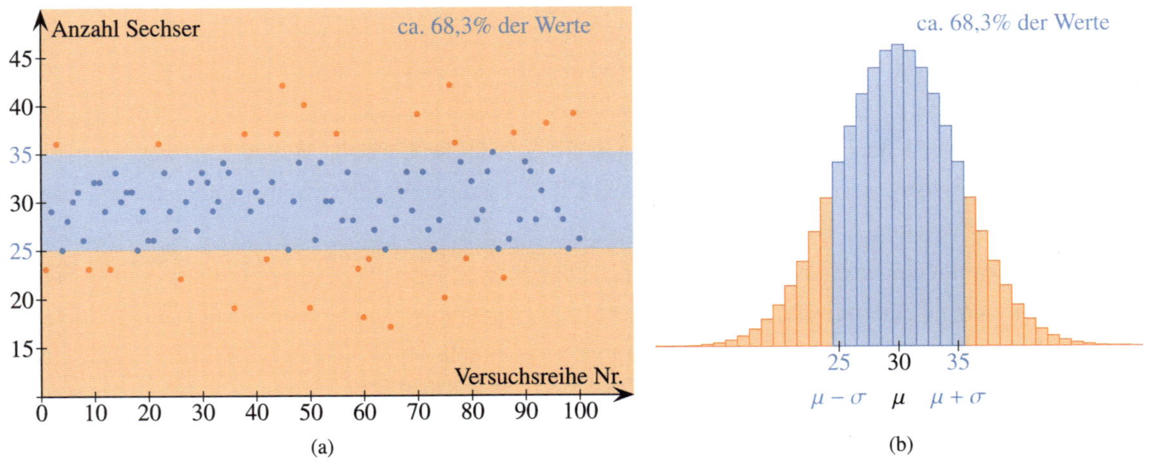

Abb. 3.13: Veranschaulichung der 1σ-Regel am 180-maligen Wurf eines Würfels

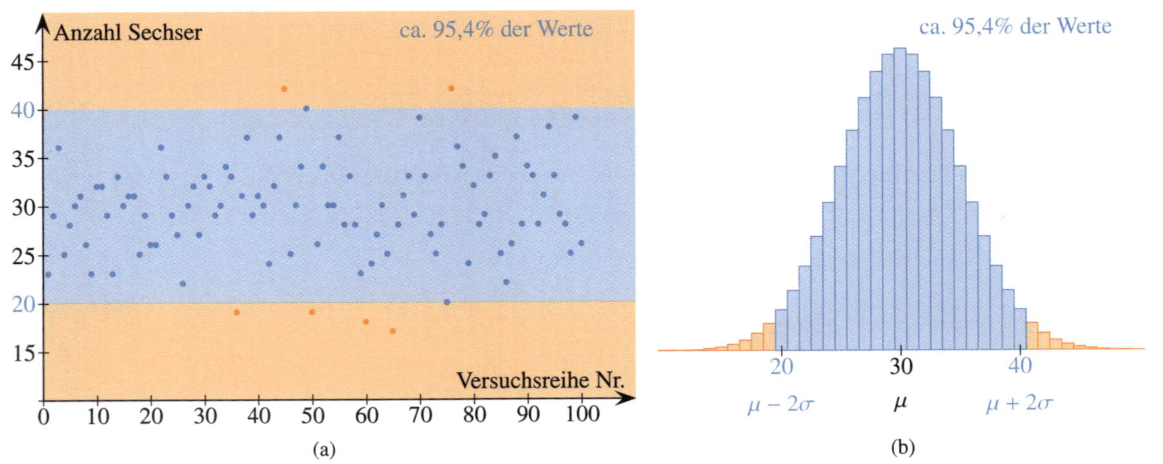

Abb. 3.14: Veranschaulichung der 2σ-Regel am 180-maligen Wurf eines Würfels

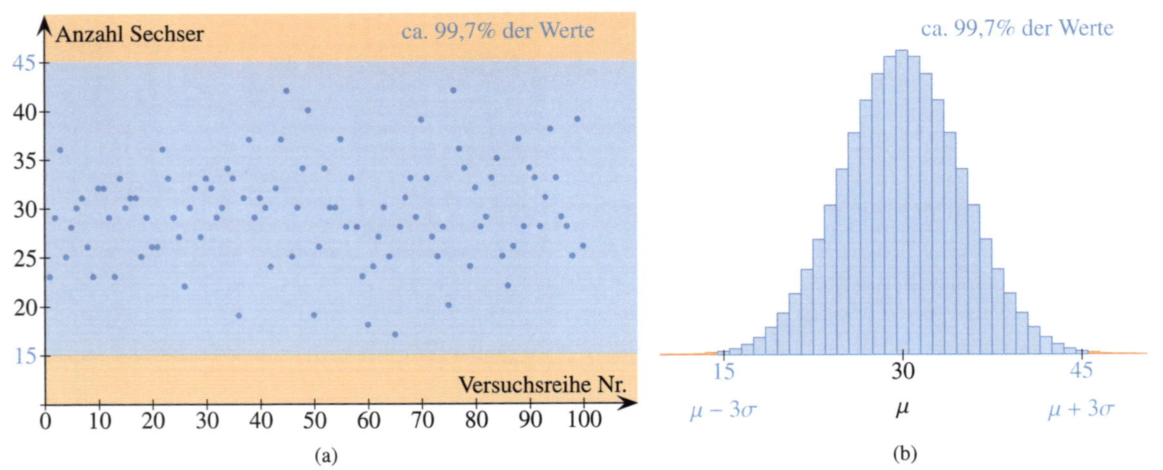

Abb. 3.15: Veranschaulichung der 3σ-Regel am 180-maligen Wurf eines Würfels

Länge des Prognoseintervalls

Die Länge d des Prognoseintervalls ist durch

$$d(n) = 2z\sqrt{np(1-p)}$$

gegeben und vergrößert sich mit wachsendem Stichprobenumfang n.

• **163.** Eine Münze wird n-mal geworfen. Wir betrachten die Zufallsgröße X = „Anzahl Kopf".

(a) Bestätigen Sie die Sigma-Regeln, indem Sie mit Hilfe der Binomialverteilung die folgende Tabelle ausfüllen.

n	μ	σ	$P(X \in [\mu - 1\sigma; \mu + 1\sigma])$	$P(X \in [\mu - 2\sigma; \mu + 2\sigma])$	$P(X \in [\mu - 3\sigma; \mu + 3\sigma])$
100					
10 000					
1 000 000					

(b) Treffen Sie eine Aussage zu den Sigma-Intervallen, indem Sie den folgenden Satz ergänzen:

„Je größer n, desto …"

• **164.** Eine Münze wird 400-mal geworfen. Geben Sie ungefähr die Wahrscheinlichkeiten der folgenden Ereignisse an.

(a) Die Münze zeigt mindestens 170-mal, aber höchstens 230-mal „Kopf".

(b) Die Münze zeigt höchstens 189-mal oder mindestens 211-mal „Kopf".

• **165.** Ein Schüler muss bei einem Test 40 Multiple-Choice-Fragen mit jeweils 3 Antwortmöglichkeiten bearbeiten. Zum Bestehen sind 20 richtige Antworten notwendig. Da der Schüler nicht gelernt hat, muss er jede Antwort raten.

(a) Geben Sie ein 95,4 %-Prognoseintervall für die Anzahl richtiger Antworten an.

(b) Empfehlen Sie dem Schüler, zur Prüfung anzutreten? Begründen Sie.

•• **166.** In Abb. 3.16 ist ein Ausschnitt der Wahrscheinlichkeitsfunktion einer binomialverteilten Zufallsgröße X dargestellt. Färben Sie den Bereich der 68,3 % häufigsten Werte von X.

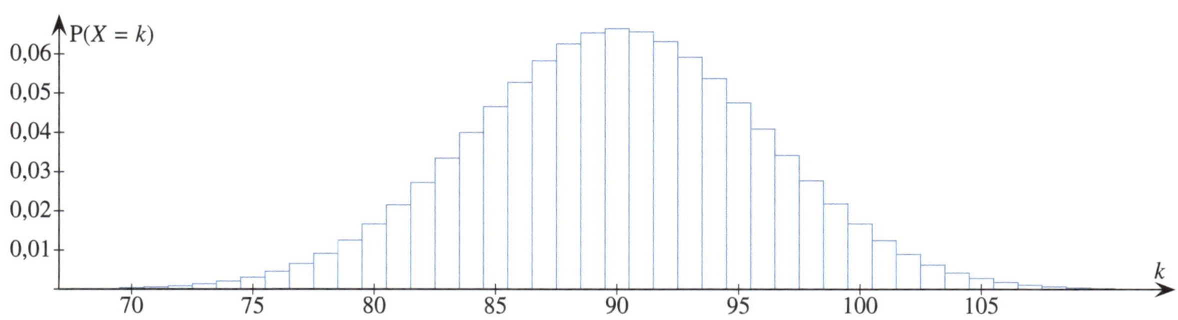

Abb. 3.16: Schaubild zu Aufgabe 166

167. Die Körpergröße von Männern in Deutschland ist annähernd binomialverteilt mit einem Erwartungswert von 170 cm und einer Standardabweichung von 14 cm.

(a) Geben Sie ein Intervall für die Körpergröße an, in dem 90 % aller Männer liegen.

(b) Mit welcher Wahrscheinlichkeit liegt die Körpergröße eines Mannes im Intervall [156; 184] cm?

168. Der Eintritt auf einer Party kostet 4 €. Im Durchschnitt wird jede 20. Person am Eingang übersehen und muss keinen Eintritt bezahlen. Geben Sie ein 68,3 %-Prognoseintervall für die erzielten Einnahmen des Veranstalters an, wenn 2 000 Personen die Party besuchen wollen.

169. Geben Sie mit Begründung an, ob die folgenden Schüleraussagen wahr oder falsch sind.

(a) „Die Länge des Prognoseintervalls steigt mit wachsender Sicherheitswahrscheinlichkeit γ."

(b) „Die Länge des Prognoseintervalls steigt mit wachsender Einzelwahrscheinlichkeit p."

170. Eine Zufallsgröße $X \sim B_{n;\,p}$ ist binomialverteilt. Wählen Sie die Werte für n und p so, dass ca. 95,4 % aller Werte von X im Intervall [40; 56] liegen.

171. Ein Würfel wird mehrmals geworfen. Die Zufallsgröße X bezeichnet die Anzahl der geworfenen Sechser. In Abb. 3.17 ist ein Versuchsverlauf dieser Würfe dargestellt. Für jeden Wurf, bei dem eine Sechs erzielt wurde, bewegt sich der abgebildete Graph um eine Einheit nach oben. Begründen Sie die folgenden Aussagen: „Ein solcher Pfad geht mit einer Wahrscheinlichkeit von ...

(a) ... 68,3 % durch das Tor, wenn noch kein einziger Wurf durchgeführt wurde."

(b) ... 95,4 % durch das Tor, wenn nach 540 Würfen bereits 90 Sechser erzielt wurden (Abb. 3.17)."

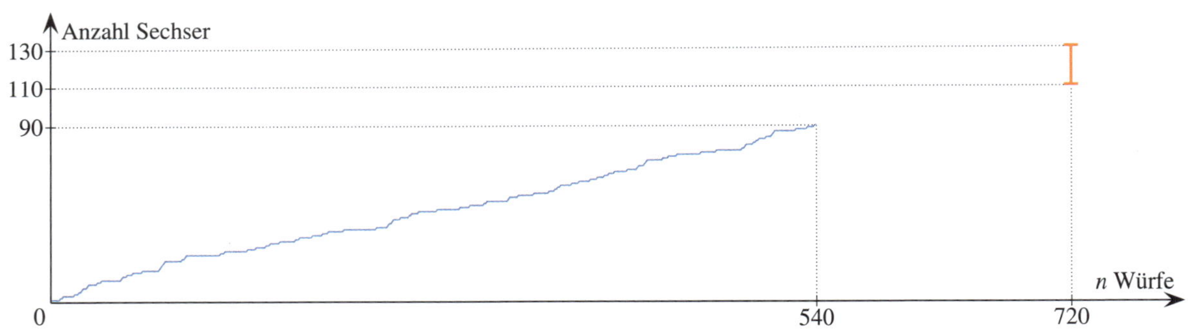

Abb. 3.17: Schaubild zu Aufgabe 171

172. Es ist eine binomialverteilte Zufallsgröße $X \sim B_{n;\,p}$ gegeben. Im Münzexperiment war $n = 100$ und $p = \frac{1}{2}$. Somit ergab sich ein festes Prognoseintervall z.B. zum Niveau 95 %. Nun soll $p \in [0;\, 1]$ variabel sein. Wir fassen die untere und obere Grenze des Prognoseintervalls jeweils als Funktion f_{unten} bzw. f_{oben} in Abhängigkeit von p auf. Geben Sie diese Funktionen explizit an und zeichnen Sie beide Funktionen in ein gemeinsames Schaubild für

(a) $n = 10$ (b) $n = 100$ (c) $n = 1\,000$

Welche Figuren ergeben sich? Interpretieren Sie Ihr Ergebnis.

4 Schätzen unbekannter Wahrscheinlichkeiten

In diesem Abschnitt gehen wir davon aus, dass wir ein Zufallsexperiment mit zwei möglichen Ergebnissen durchführen. Jedoch kennen wir die Einzelwahrscheinlichkeit nicht. Nun führen wir das Experiment n-mal durch (Bernoulli-Kette). Einen möglichen Wert für die Einzelwahrscheinlichkeit p können wir durch die *relative Häufigkeit* h schätzen.

Beispiel

Eine Münze wird 40-mal geworfen. Dabei zeigt sie 24-mal auf Kopf. Ist die Münze gezinkt?

KZKZZZKZKKZKKKZKKKKZKKKZZKZKKKKZZZKZKKKZ

Je nach Versuchsreihe erhalten wir unterschiedliche Werte für den Schätzwert h. Der Wert h unterliegt also dem Zufall. Nun wäre es interessant zu wissen, wie *genau* diese Schätzung an dem Wert für p liegt.

Unser Ziel ist es daher, ein um die relative Häufigkeit h symmetrisches *Konfidenzintervall* (*Vertrauensintervall*) $[p_1; p_2]$ wie in Abb. 4.1 anzugeben, so dass wir sagen können, der Wert für p liegt mit einer gewissen *Sicherheitswahrscheinlichkeit* (*Vertrauenswahrscheinlichkeit*, *Konfidenzniveau*) γ innerhalb dieser Grenzen. Man sagt dann, der Wert von p ist mit dem Stichprobenergebnis bzw. mit h *verträglich*.

Abb. 4.1: Konfidenzintervall

Für die Abiturprüfung konzentriert man sich auf eine vereinfachte und angenäherte Version des Konfidenzintervalls. Interessierte können diese Näherung in Aufgabe 186 herleiten.

Konfidenzintervall

Für eine ausreichend große Stichprobenlänge n ist das (angenäherte) *Konfidenzintervall* zur Vertrauenswahrscheinlichkeit γ durch

$$\left[h - z \cdot \sqrt{\frac{h(1-h)}{n}}; h + z \cdot \sqrt{\frac{h(1-h)}{n}}\right]$$

gegeben, wobei die Werte für z der Tabelle zu entnehmen sind.

Vertrauenswahrscheinlichkeit γ	68,3 %	90 %	95 %	95,4 %	99 %	99,7 %	99,9 %
z-Wert	1	1,64	1,96	2	2,58	3	3,29

Beispiel

Ermitteln Sie ein Konfidenzintervall für die relative Häufigkeit „Kopf“ des obigen Münzwurfs zur Vertrauenswahrscheinlichkeit 90 %.

Lösung

Der z-Wert zu der Vertrauenswahrscheinlichkeit 90 % beträgt $z = 1{,}64$. Wir berechnen die relative Häufigkeit $h = \frac{24}{40} = 0{,}6$ und erhalten das Intervall [0,47; 0,73], da

$$p_{1/2} = h \pm z \cdot \sqrt{\frac{h(1-h)}{n}} = 0{,}6 \pm 1{,}64 \cdot \sqrt{\frac{0{,}6 \cdot (1-0{,}6)}{40}} \Rightarrow p_1 = 0{,}47,\ p_2 = 0{,}73.$$

Bemerkung: Der Wert $p = \frac{1}{2}$ liegt innerhalb des 90 %-Konfidenzintervalls. Es ist also im Münzwurfexperiment durchaus möglich, dass mit einer echten Münze ein solches Ergebnis entsteht. Genauere Aussagen sind erst bei einer größeren Anzahl von Versuchen sinnvoll.

$\frac{1}{\sqrt{n}}$-Regel

Die Länge d des (angenäherten) Konfidenzintervalls ist durch

$$d(n) = 2z\sqrt{\frac{h(1-h)}{n}}$$

gegeben und verkürzt sich mit wachsendem Stichprobenumfang n. Wir wissen, dass $h(1-h) \leq \frac{1}{4}$ für $h \in [0;\ 1]$ (Abb. 4.2a). Somit gilt stets $d_{\max} = \frac{z}{\sqrt{n}}$.

Beispiel

Wie oft muss eine Münze mindestens geworfen werden, damit die relative Häufigkeit mit einer Wahrscheinlichkeit von 99 % um maximal einen Prozentpunkt von der wahren Wahrscheinlichkeit abweicht?

Lösung

Der z-Wert zu der Vertrauenswahrscheinlichkeit 99 % beträgt $z = 2{,}58$. Für die Länge des Konfidenzintervalls gilt $d_{\max} = 2 \cdot 0{,}01 = 0{,}02$ und für die Stichprobenlänge somit

$$n \geq \frac{z^2}{d_{\max}^2} = \frac{2{,}58^2}{0{,}02^2} = 16\,641.$$

Also muss die Münze mindestens 16 641-mal geworfen werden (Abb. 4.2b).

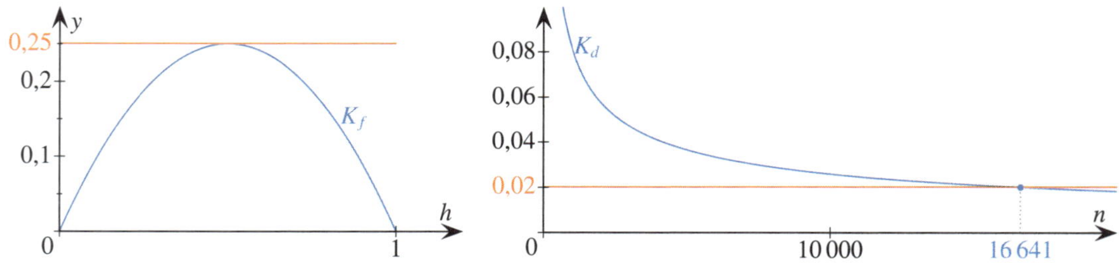

(a) $f(h) = h(1-h) \leq \frac{1}{4}$ für $h \in [0;\ 1]$

(b) Graphische Bestimmung der Stichprobengröße

Abb. 4.2: Schaubilder

Theorie & Aufgaben

Simulation

Wir führen nun ein Münzwurfexperiment praktisch durch. In jeder der insgesamt 100 Versuchsreihen werfen wir eine (echte) Münze 100-mal und berechnen die relative Häufigkeit für „Kopf" sowie das dazugehörige 95 %-Konfidenzintervall. Wie viele dieser 100 Konfidenzintervalle überdecken jeweils die echte (normalerweise unbekannte) Wahrscheinlichkeit $p = 0,5$ für „Kopf"?

In Abb. 4.3 sind die Simulationsergebnisse graphisch dargestellt. Je Versuchsreihe ist die relative Häufigkeit h als Punkt markiert und das dazugehörige Konfidenzintervall als Linie. Farblich markiert sind alle Intervalle, welche die Wahrscheinlichkeit p nicht überdecken. Unsere Berechnungen werden dabei bestätigt, denn in ca. 5 % aller Fälle (hier: 6 %) liegen wir falsch.

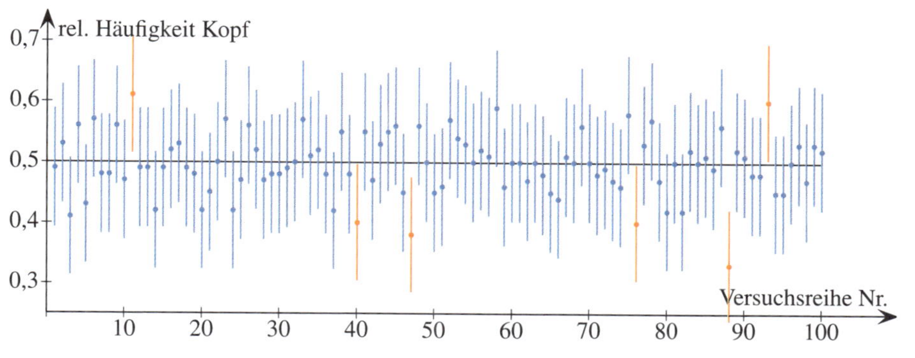

Abb. 4.3: Simulation mit je 100 Versuchsreihen

Beispiel

Ein Meinungsforschungsinstitut möchte eine Umfrage unter deutschen Jugendlichen zwischen 12 und 18 Jahren mit der Frage

„Lesen Sie mindestens einmal pro Woche ein Buch?"

durchführen. Wie ist bei der Konzeption der Umfrage vorzugehen?

Lösung

Wir gehen in mehreren Schritten vor:

1. Bestimmen der *Grundgesamtheit*: In Deutschland leben ca. 5,5 Mio. Jugendliche zwischen 12 und 18 Jahren.
2. Festlegen der gewünschten Genauigkeit: Vertrauenswahrscheinlichkeit 95 % ($\Rightarrow z = 1,96$). Maximale Abweichung vom tatsächlichen Wert: 2 Prozentpunkte.
3. Schätzen der zu erwartenden relativen Häufigkeit: Ist dies nicht möglich, dann verwenden wir d_{max}. Hier ist $d_{\text{max}} = 2 \cdot 0,02 = 0,04$.
4. Berechnen der Stichprobenlänge: $n \geq \frac{z^2}{d_{\text{max}}^2} = \frac{1,96^2}{0,04^2} = 2\,401$.
5. Erstellen einer *repräsentativen Stichprobe*: Auswahl der 2 401 Befragten so, dass die gesamte Gesellschaftsstruktur (Alter, Geschlecht, Region, Schulart etc.) ausgewogen berücksichtigt ist.

• **173.** Eine Umfrage unter 120 Personen hat ergeben, dass 18 von ihnen Vegetarier sind. Ermitteln Sie ein Vertrauensintervall für den relativen Anteil an Vegetariern zum Konfidenzniveau 90 %.

• **174.** Eine Firma stellt Tennisbälle her. Bisherige Untersuchungen haben gezeigt, dass ca. 8 % aller produzierten Bälle Mängel aufweisen. In einer neuen Prüfung mit 600 Bällen sind 15 mangelhaft. Berechnen Sie ein 95 %-Vertrauensintervall für den unbekannten Anteil an mangelhaften Bällen und interpretieren Sie Ihr Ergebnis.

•• **175.** In einer Umfrage mit 800 Personen wurden die drei Konfidenzintervalle [0,273; 0,327], [0,258; 0,342], [0,268; 0,332] für die relative Häufigkeit h ermittelt. Ordnen Sie diese den Sicherheitswahrscheinlichkeiten 90 %, 95 % und 99 % zu.

•• **176.** In drei Umfragen wurde jeweils die gleiche relative Häufigkeit h ermittelt. Es wurden jeweils drei 90 %-Konfidenzintervalle [0,572; 0,628], [0,560; 0,640], [0,543; 0,657] für h ermittelt. Ordnen Sie zu, in welchem Fall jeweils 200, 400 bzw. 800 Personen befragt wurden.

•• **177.** Geben Sie mit Begründung an, ob die folgenden Aussagen in einer Umfrage mit 1 000 Personen wahr oder falsch sind.

(a) Der Schätzwert für die relative Häufigkeit h hängt vom Zufall ab.

(b) Die Grenzen des Konfidenzintervalls für h hängen vom Zufall ab.

(c) Die Länge des Konfidenzintervalls für h hängt vom Zufall ab.

•• **178.** In einer Umfrage mit 100 Schülern haben 45 die Frage „Gehen Sie gerne in den Deutschunterricht?" mit „Ja" beantwortet. Mit Hilfe der in Abb. 4.4 dargestellten Figur, der *Konfidenzellipse*, lässt sich das 99 %-Konfidenzintervall zu jeder beliebigen relativen Häufigkeit graphisch bestimmen. Zunächst wird die relative Häufigkeit (hier: $h = 0{,}45$) als waagrechte Gerade eingezeichnet. Die x-Werte ihrer Schnittpunkte mit der Konfidenzellipse ergeben das gesuchte Intervall (hier: [0,33; 0,58]).
Von 100 Schülern haben 75 die Frage „Gehen Sie gerne in den Sportunterricht" mit „Ja" beantwortet. Bestimmen Sie graphisch das 99 %-Konfidenzintervall für den relativen Anteil sportbegeisterter Schüler.

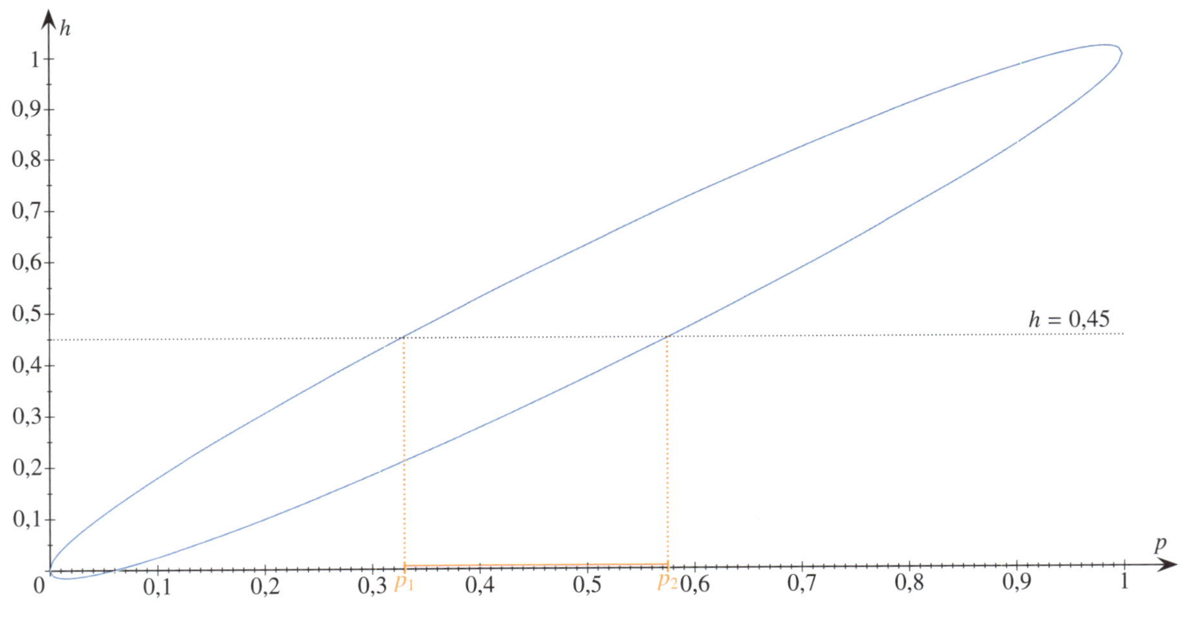

Abb. 4.4: Konfidenzellipse zu Aufgabe 178

•• **179.** Ein Würfel wird 600-mal geworfen. Er zeigt 120-mal die Zahl 6.

(a) Tim berechnet das 90 %-Konfidenzintervall für die relative Häufigkeit der Zahl 6 und erhält [0,17; 0,23]. Er sagt: "Ich denke, der Würfel ist gezinkt, denn die Wahrscheinlichkeit $\frac{1}{6}$ liegt außerhalb des Intervalls." Beurteilen Sie diese Aussage.

(b) Sophie berechnet das 99 %-Konfidenzintervall für die relative Häufigkeit der Zahl 6 und erhält [0,16; 0,24]. Sie sagt: "Ich denke, der Würfel ist fair, denn die Wahrscheinlichkeit $\frac{1}{6}$ liegt innerhalb des Intervalls." Beurteilen Sie diese Aussage.

(c) Begründen Sie, warum das Konfidenzintervall von Sophie länger als das von Tim sein muss.

•• **180.** In einer Studie untersucht eine Großstadt, ob sich Fahrkartenkontrollen in der U-Bahn lohnen. Im Durchschnitt werden 5 von 1 000 kontrollierten Fahrgästen beim Schwarzfahren erwischt. Die Strafe für das Fahren ohne gültiges Ticket beträgt 60 €. Ein Kontrolleur kann pro Stunde 200 Fahrgäste überprüfen und kostet die Großstadt pro Stunde 30 €.

(a) Ermitteln Sie ein 90 %-Vertrauensintervall für den unbekannten Anteil an Schwarzfahrern.

(b) Zeigen Sie, dass die Großstadt in 90 % aller Fälle mit einem Verlust bzw. Gewinn zwischen −72 € und 372 € rechnen kann.

Die Großstadt möchte einen Gewinn erzielen, sobald ein Kontrolleur unter 1 000 kontrollierten Fahrgästen 2 Schwarzfahrer entdeckt.

(c) Wie viele Fahrgäste müsste ein Kontrolleur unter den obigen Bedingungen pro Stunde überprüfen können, wenn er die Großstadt pro Stunde 30 € kostet?

(d) Wie viel dürfte ein Kontrolleur die Stadt unter den obigen Bedingungen pro Stunde kosten, wenn er pro Stunde 200 Fahrgäste überprüfen kann?

•• **181.** Ein Unternehmen plant, eine Studie zur Gewinnung neuer Kunden durchzuführen. In Abb. 4.5 ist die notwendige Stichprobenanzahl in Abhängigkeit von der zu erwartenden relativen Häufigkeit interessierter Personen dargestellt. Die Sicherheitswahrscheinlichkeit beträgt dabei 95 %.

(a) Wie viele Personen müssen befragt werden, wenn eine relative Häufigkeit von ca. 10 % erwartet wird?

(b) Wie viele Personen müssen befragt werden, wenn über die zu erwartende relative Häufigkeit keinerlei Informationen vorliegen?

(c) Skizzieren Sie grob den Verlauf eines Schaubildes, mit dem man die notwendige Stichprobenanzahl für ein 90 %-Vertrauensintervall ermitteln kann.

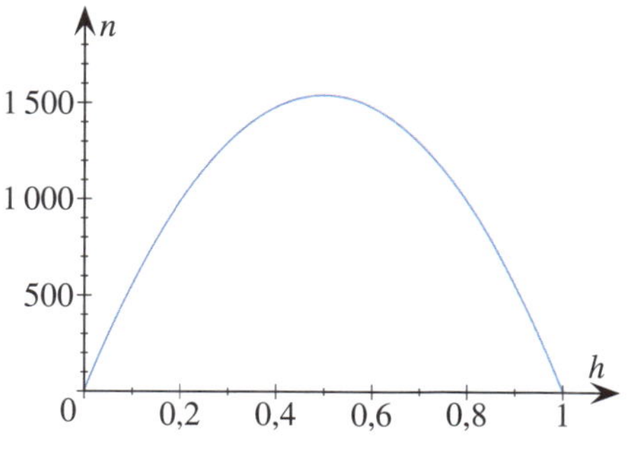

Abb. 4.5: Schaubild zu Aufgabe 181

Theorie & Aufgaben

••• **182.** Wie viele Personen müssen in einer Studie mindestens befragt werden, damit der relative Anteil bereits an Windpocken erkrankter Personen mit einer Wahrscheinlichkeit von 95 % um maximal einen Prozentpunkt vom zu erwartenden Ergebnis abweicht?

••• **183.** Bei einer Umfrage mit 1 000 Befragten vor einer großen Wahl geben 250 Personen an, dass sie ihre Stimme für Partei A abgeben wollen.

(a) Ermitteln Sie ein 95 %-Konfidenzintervall für den Wähleranteil von Partei A.

(b) Wie viele Personen müssen mindestens befragt werden, damit das Ergebnis mit einer Wahrscheinlichkeit von 99,7 % um maximal zwei Prozentpunkte vom zu erwartenden Ergebnis abweicht?

(c) Angenommen, die Partei wird nur von 10 % der Bevölkerung gewählt. Müssen dann genauso viele Leute befragt werden? Begründen Sie Ihre Antwort.

••• **184.** Eine Schule führt eine Umfrage durch, ob ihre Schüler mit den Lehrern zufrieden sind. Von 200 befragten Schülern antworten 120 mit „Ja".

(a) Ermitteln Sie ein Konfidenzintervall für den relativen Anteil zufriedener Schüler zur Sicherheitswahrscheinlichkeit 90 %.

(b) Der Direktor sagt: „Um die Länge des Konfidenzintervalls zu halbieren, müssten wir 400 statt 200 Schüler befragen." Hat er Recht? Begründen Sie.

(c) Ein Schüler entgegnet: „Wir hätten schon vor der Durchführung der Umfrage den notwendigen Stichprobenumfang bestimmen können. Wenn wir eine Abweichung von z.B. maximal 5 Prozentpunkten haben wollen, dürfen wir allerdings nicht die Ungleichung $2 \cdot 0{,}05 \geq 2z\sqrt{\frac{h(1-h)}{n}}$ nach n auflösen, sondern müssen das für die Ungleichung $2 \cdot 0{,}05 \geq 2z\sqrt{\frac{0{,}5\cdot(1-0{,}5)}{n}}$ tun." Hat er Recht? Begründen Sie.

••• **185.** Worüber würden Sie gerne eine Umfrage durchführen? Skizzieren Sie Ihren Entwurf dieser Umfrage und führen Sie diese durch. Bewerten Sie das Ergebnis und gegebenenfalls aufgetretene Probleme.

★ **186.** Eine (möglicherweise gezinkte) Münze wird n-mal geworfen. Damit die Anzahl k von „Kopf" innerhalb des Prognoseintervalls liegt, muss mit der Wahrscheinlichkeit γ gelten:

$$np - z\sqrt{np(1-p)} \leq k \leq np + z\sqrt{np(1-p)}$$

(a) Zeigen Sie, dass diese Ungleichung umgeformt werden kann in

$$p^2\left(1 + \frac{z^2}{n}\right) + p\left(-\frac{2k}{n} - \frac{z^2}{n}\right) + \frac{k^2}{n^2} \leq 0$$

(b) Zeigen Sie, dass für die Lösungen p der Ungleichung gilt: $p \in [p_1;\, p_2]$ mit

$$p_{1/2} = \frac{h + \frac{z^2}{n} \pm z\sqrt{\frac{h(1-h)}{n} + \frac{z^2}{4n^2}}}{1 + \frac{z^2}{n}},$$

wobei $h = \frac{k}{n}$.

(c) Vereinfachen Sie die Formel, indem Sie alle Terme der Form $\frac{\cdots}{n}$ durch 0 ersetzen, die Terme der Form $\frac{\cdots}{\sqrt{n}}$ jedoch nicht. Warum ist diese Vereinfachung möglich?

5 Testen von Hypothesen

Wir stehen vor einem Glücksspielautomaten, bei dem wir entweder gewinnen oder verlieren können. Die einzelnen Versuche sind voneinander unabhängig. Es handelt sich also um eine Bernoulli-Kette mit unbekannter Gewinnwahrscheinlichkeit p. Der Hersteller gibt an, sie beträgt mindestens p_0. Eine Aussage dieser Art nennen wir *Nullhypothese*. Doch wie können wir testen, ob er Recht hat? Wir spielen und prüfen die Anzahl der Gewinne!

Hypothesentest

Ein *Hypothesentest* bzw. *Signifikanztest* ist ein Verfahren zur Überprüfung einer Nullhypothese H_0.

(a) Eine Hypothese H_0 (*Nullhypothese*) ist eine Behauptung, die wir mit Hilfe einer Untersuchung ablehnen oder akzeptieren können.

(b) Ein Signifikanztest besteht aus

- einer *Stichprobenlänge n* und einer *Einzelwahrscheinlichkeit* p_0
- einer *Entscheidungsregel*. Wir geben damit an, für welche Werte wir H_0 annehmen bzw. ablehnen.
- einem *Signifikanzniveau* (einer *Irrtumswahrscheinlichkeit*) α.

(c) Bei der Untersuchung einer Nullhypothese können zwei verschiedene Fehler auftreten:

- *Fehler 1. Art* (*α-Fehler*): H_0 wird abgelehnt, obwohl H_0 wahr ist.
- *Fehler 2. Art* (*β-Fehler*): H_0 wird akzeptiert, obwohl H_0 falsch ist.

Bei der Auswertung eines Tests können verschiedene Fälle eintreten (Abb. 5.1). Je nachdem, ob H_0 wahr (•) oder falsch (•) ist und ob das Versuchsergebnis im *Annahmebereich* A ( ) oder *Ablehnungsbereich* $\overline{\text{A}}$ ( ) liegt.

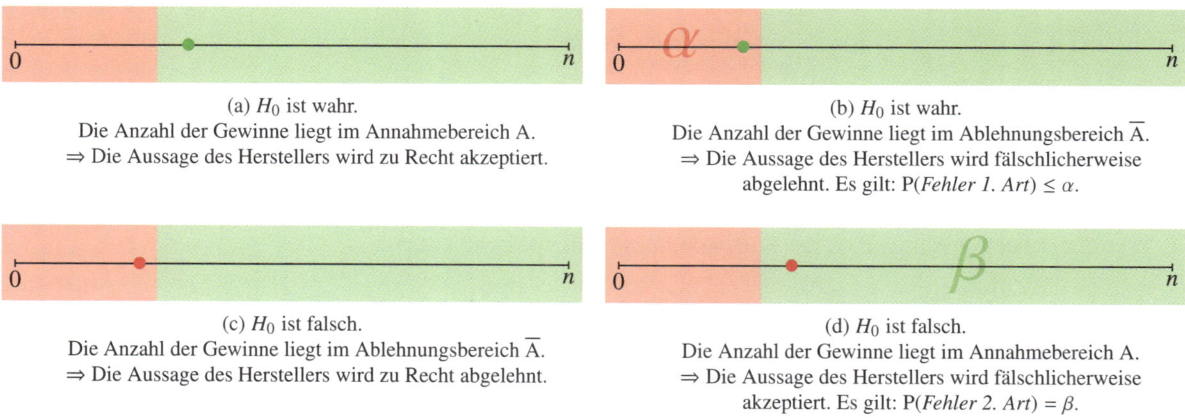

(a) H_0 ist wahr.
Die Anzahl der Gewinne liegt im Annahmebereich A.
⇒ Die Aussage des Herstellers wird zu Recht akzeptiert.

(b) H_0 ist wahr.
Die Anzahl der Gewinne liegt im Ablehnungsbereich $\overline{\text{A}}$.
⇒ Die Aussage des Herstellers wird fälschlicherweise abgelehnt. Es gilt: P(*Fehler 1. Art*) $\leq \alpha$.

(c) H_0 ist falsch.
Die Anzahl der Gewinne liegt im Ablehnungsbereich $\overline{\text{A}}$.
⇒ Die Aussage des Herstellers wird zu Recht abgelehnt.

(d) H_0 ist falsch.
Die Anzahl der Gewinne liegt im Annahmebereich A.
⇒ Die Aussage des Herstellers wird fälschlicherweise akzeptiert. Es gilt: P(*Fehler 2. Art*) $= \beta$.

Abb. 5.1: Die vier verschiedenen Fälle, die bei einem Hypothesentest eintreten können

Je nachdem, wo der Ablehnungsbereich liegt, sprechen wir von einem *links-/rechtsseitigen Test* (Abschnitt 5.1) oder von einem *zweiseitigen Test* (Abschnitt 5.2).

5.1 Einseitiger Signifikanztest

Zu jeder Nullhypothese H_0 gibt es eine Alternativhypothese H_1, die das Gegenteil angibt. Je nachdem, auf welcher Seite der Ablehnungsbereich liegt, sprechen wir von einem *links-* oder *rechtsseitigen Test* (Abb. 5.2).

Einseitiger Signifikanztest
Ist die Nullhypothese H_0 und die Alternativhypothese H_1 durch

- H_0: $p \geq p_0$ und H_1: $p < p_0$ gegeben, dann handelt es sich um einen *linksseitigen Test* (Abb. 5.2a);
- H_0: $p \leq p_0$ und H_1: $p > p_0$ gegeben, dann handelt es sich um einen *rechtsseitigen Test* (Abb. 5.2b).

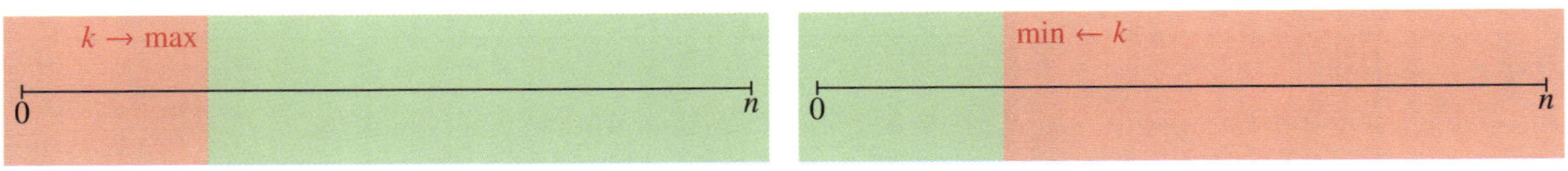

(a) linksseitiger Test
H_0: $p \geq p_0$
H_1: $p < p_0$

(b) rechtsseitiger Test
H_0: $p \leq p_0$
H_1: $p > p_0$

Abb. 5.2: Unterschied zwischen einem links- und einem rechtsseitigen Test

Beispiel

Der Hersteller eines Glücksspielautomaten gibt an, dass man in mindestens 30 % aller Spiele einen Gewinn erzielt. Um diese Aussage zu überprüfen, testen wir die Nullhypothese

H_0: „In mindestens 30 % aller Spiele wird ein Gewinn erzielt.“

auf Basis von 80 Spielen auf einem Signifikanzniveau von 5 % gegen die Alternative H_1: „In weniger als 30 % aller Spiele wird ein Gewinn erzielt.“. Geben Sie die Entscheidungsregel an.

Lösung

Es handelt sich um einen linksseitigen Test mit $n = 80$ (Stichprobenlänge), $p_0 = 0{,}3$ (Einzelwahrscheinlichkeit) und $\alpha = 0{,}05$ (Signifikanzniveau). Wir gehen in mehreren Schritten vor:

1. Die Nullhypothese lautet H_0: $p \geq 0{,}3$.
2. Die Alternativhypothese lautet H_1: $p < 0{,}3$.
3. Unter der Annahme, dass der Extremfall der Nullhypothese gilt, ist die Zufallsgröße X = „Anzahl gewonnener Spiele“ durch $X \sim \mathrm{B}_{80;\,0,3}$ gegeben.
4. Nun stellen wir eine Tabelle mit den Werten der kumulativen Wahrscheinlichkeitsfunktion auf und suchen den *maximalen* Wert für k, so dass $\mathrm{P}(X \leq k) \leq 0{,}05$. Dabei erhalten wir $k = 16$.
5. Der Ablehnungsbereich lautet dann $\overline{\mathrm{A}} = \{0, 1, \ldots, 16\}$.
6. Der Annahmebereich lautet dann $\mathrm{A} = \{17, 18, \ldots, 80\}$.

k	$\mathrm{P}(X \leq k)$	$\leq 0{,}05$?
⋮	⋮	⋮
14	0,0079	ja
15	0,0161	ja
16	0,0302	ja
17	0,0531	nein
18	0,0873	nein
⋮	⋮	⋮

Man wird dem Hersteller also die Angaben glauben, wenn von 80 Spielen mindestens 17 gewonnen werden. Andererseits kann man ihm einen Betrug vorwerfen, wenn nur maximal 16 Spiele gewonnen werden. In Abb. 5.3 sind die Versuchsergebnisse für einen Glücksspielautomaten mit der tatsächlichen Gewinnwahrscheinlichkeit von $p = 0{,}3$ graphisch dargestellt. Je Versuchsreihe ist die Anzahl der gewonnenen Spiele als Punkt markiert. Rot gefärbt sind alle Ergebnisse, die in den Ablehnungsbereich fallen. Unsere Berechnungen werden durch die Simulation bestätigt, denn in ca. 5 % aller Fälle liegen wir falsch.

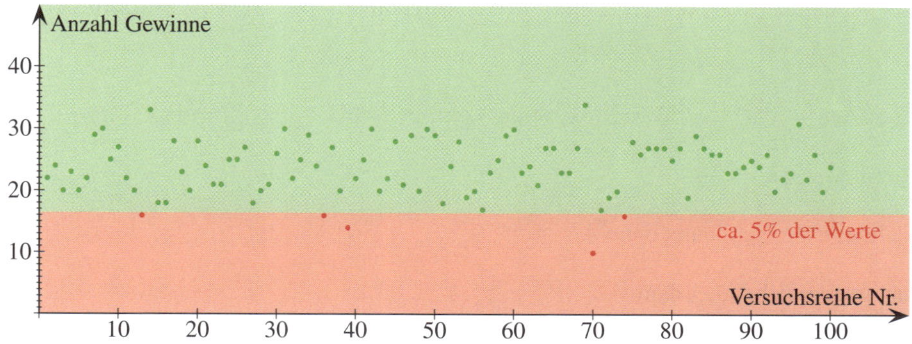

Abb. 5.3: Simulation von 100 Versuchsreihen mit je 80 Spielen für einen Automaten, der die Nullhypothese erfüllt ($p = 0{,}3$)

Beispiel

Bei Hypothesentests ist es sehr sinnvoll, die Wahrscheinlichkeiten der Fehler 1. und 2. Art zu berechnen.

(a) Geben Sie die Wahrscheinlichkeit an, dass dem Hersteller zu Unrecht Betrug vorgeworfen wird, obwohl man in 32 % aller Spiele einen Gewinn erzielt.

(b) Geben Sie die Wahrscheinlichkeit an, dass die Herstellerangaben fälschlicherweise akzeptiert werden, obwohl man in nur 20 % aller Spiele einen Gewinn erzielt.

Lösung

(a) Hier ist der Fehler 1. Art gesucht. Der Wert $p = 0{,}32$ liegt in H_0. Dann gilt für die Anzahl gewonnener Spiele $X \sim \mathrm{B}_{80;\,0{,}32}$. Dem Hersteller wird zu Unrecht Betrug vorgeworfen, wenn $X \in \overline{\mathrm{A}}$. Dieses Ereignis hat die Wahrscheinlichkeit

$$\mathrm{P}(X \in \overline{\mathrm{A}}) = \mathrm{P}(X \leq 16) = 0{,}0122.$$

(b) Hier ist der Fehler 2. Art gesucht. Der Wert $p = 0{,}2$ liegt in H_1. Dann gilt für die Anzahl gewonnener Spiele $X \sim \mathrm{B}_{80;\,0{,}2}$. Die Herstellerangaben werden fälschlicherweise akzeptiert, wenn $X \in \mathrm{A}$. Dieses Ereignis hat die Wahrscheinlichkeit

$$\beta = \mathrm{P}(X \in \mathrm{A}) = \mathrm{P}(X \geq 17) = 1 - \mathrm{P}(X \leq 16) = 0{,}4336.$$

• **187.** Ein Saatgutunternehmen liefert Pflanzensamen an seine Kunden. Das Unternehmen gibt an, dass maximal 15 % aller Samen nicht keimen. Um eine Lieferung zu untersuchen, testet ein Kunde 120 Pflanzensamen auf Keimfähigkeit. Entwickeln Sie die Entscheidungsregel, damit der Kunde eine ordnungsgemäße Lieferung mit einer Wahrscheinlichkeit von 3 % irrtümlich ablehnt.

(a) Die Nullhypothese lautet H_0: „____"

(b) Die Alternativhypothese lautet H_1: „____"

(c) Unter der Annahme, dass der Extremfall der Nullhypothese gilt, ist X = „Anzahl der nicht keimenden Samen" durch $X \sim B_{\_\_;\_\_}$ gegeben.

(d) Wir suchen den ____ Wert für k, so dass gilt: $P(X \_\_ k) \leq \_\_ \Rightarrow P(X \_\_ k-1) \geq \_\_$

(e) Dabei erhalten wir $k =$ ____.

(f) Der Ablehnungsbereich lautet dann $\overline{A} = \{\_\_, \_\_, \ldots, \_\_\}$.

(g) Der Annahmebereich lautet dann $A = \{\_\_, \_\_, \ldots, \_\_\}$.

• **188.** Mit Hilfe einer einheitlichen Mathematikprüfung soll das Leistungsniveau der Schüler in einem Bundesland untersucht werden. Es wird vermutet, dass diese Prüfung 60 % der Schüler bestehen. Um eine schnelle Diagnose zu erhalten, werden die Prüfungen von 30 Schülern aus dem gesamten Bundesland zufällig ausgewählt. So soll die Nullhypothese H_0: „Mindestens 60 % der Schüler bestehen die Prüfung." auf Basis der Ergebnisse dieser 30 Schüler getestet werden.

(a) Formulieren Sie die Alternativhypothese H_1.

(b) Das Signifikanzniveau wird auf 4 % festgelegt. Welche Bedeutung hat dieser Zahlenwert?

Auf Grundlage der obigen Daten wird der Annahmebereich $A = \{13, 14, \ldots, 30\}$ und der Ablehnungsbereich $\overline{A} = \{0, 1, \ldots, 12\}$ festgelegt.

(c) Wie würde das Kultusministerium entscheiden, wenn 16 Schüler die Prüfung bestehen?

(d) Wie würde das Kultusministerium entscheiden, wenn 12 Schüler die Prüfung bestehen?

•• **189.** Um zu überprüfen, ob ein Würfel gezinkt ist, führen wir einen Test auf einem Signifikanzniveau von α durch. Dabei werfen wir den Würfel 180-mal und testen die Nullhypothese

H_0: „Der Würfel fällt seltener auf die Sechs."

gegen die Alternative H_1: „Der Würfel fällt nicht seltener auf die Sechs.", indem wir die geworfene Anzahl Sechser untersuchen. Bestimmen Sie die Entscheidungsregel, indem Sie den Annahme- und Ablehnungsbereich zu dem Niveau α angeben.

(a) $\alpha = 10\,\%$ (b) $\alpha = 5\,\%$ (c) $\alpha = 1\,\%$

•• **190.** Ein Mann behauptet, Ereignisse in der Zukunft mit einer Wahrscheinlichkeit von mindestens 75 % vorhersagen zu können. Um dies zu testen, soll eine Münze 10-mal geworfen werden. Vor jedem Wurf muss der Mann angeben, ob sie auf Kopf oder auf Zahl fallen wird. Formulieren Sie die Entscheidungsregel für die Nullhypothese H_0: $p \geq 0{,}75$, wenn die Irrtumswahrscheinlichkeit des Tests höchstens 5 % betragen soll. Nutzen Sie dabei das in Abb. 5.4a dargestellte Schaubild.

191. Ein Gastronom überlegt, ob er vegane Gerichte in seine Speisekarte aufnehmen soll. Dieses Vorhaben soll aber nur dann umgesetzt werden, wenn mindestens 20 % der Gäste diese Gerichte auch bestellen würden. Die Nullhypothese H_0: „Höchstens 20 % der Gäste würden vegane Gerichte bestellen.“ soll auf Basis einer Umfrage mit 240 Gästen getestet werden. Der Gastronom legt den Annahmebereich $A = \{0, 1, \ldots, 58\}$ fest.

(a) Wie groß muss das Signifikanzniveau mindestens gewesen sein, auf dem der Gastronom die Nullhypothese getestet hat?

(b) Wenn vegane Gerichte nicht in die Speisekarte aufgenommen werden, obwohl 30 % der Gäste diese Gerichte bestellen, entgehen dem Gastronom zusätzliche Einnahmen. Wie groß ist die Wahrscheinlichkeit für diesen Fall?

(c) Wenn vegane Gerichte in die Speisekarte aufgenommen werden, obwohl nur 18 % der Gäste diese Gerichte bestellen, macht der Gastronom Verluste. Wie groß ist die Wahrscheinlichkeit für diesen Fall?

192. Stellen Sie eine eigene Nullhypothese auf und führen Sie anhand einer Umfrage mit einer selbst gewählten Personengruppe und Irrtumswahrscheinlichkeit einen einseitigen Signifikanztest durch.

193. Wir werfen einen Würfel 180-mal und führen einen einseitigen Test auf einem Signifikanzniveau von $\alpha = 5\,\%$ zur Nullhypothese

$$H_0\text{: „Der Würfel fällt häufiger auf die Sechs.“}$$

gegen die Alternative H_1: „Der Würfel fällt nicht häufiger auf die Sechs.“ durch, indem wir die geworfene Anzahl Sechser untersuchen. Dabei lehnen wir die Nullhypothese für alle Werte in $\overline{A} = \{0, 1, \ldots, 21\}$ ab und nehmen sie für alle Werte in $A = \{22, 23, \ldots, 180\}$ an. Für die Zufallsgröße X_p = „Anzahl geworfener Sechser“ mit der Einzelwahrscheinlichkeit p und $X_p \sim B_{180;\,p}$ definieren wir nun die Funktion f mit $f(p) = P(X_p \in \overline{A})$.

(a) Erläutern Sie, dass der Wert $f(p)$ für alle $p \in H_0$ die Wahrscheinlichkeit für den Fehler 1. Art angibt.

(b) In Abb. 5.4b ist das Schaubild der Funktion f dargestellt. Bestimmen Sie mit Hilfe des Schaubildes den Fehler 1. Art für $p = 0{,}17$.

(c) Erläutern Sie, dass der Wert $1 - f(p)$ für alle $p \in H_1$ die Wahrscheinlichkeit für den Fehler 2. Art angibt.

(d) Bestimmen Sie mit Hilfe des Schaubildes den Fehler 2. Art für $p = 0{,}1$.

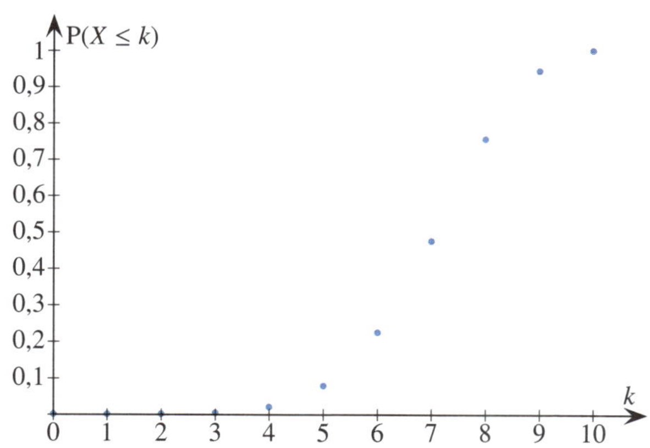

(a) Schaubild zu Aufgabe 190

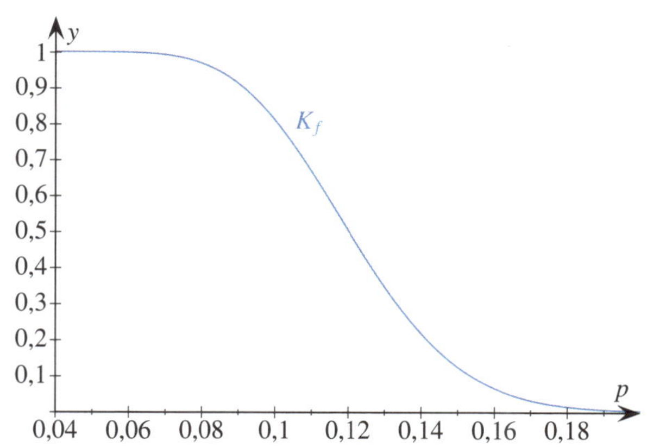

(b) Schaubild zu Aufgabe 193

Abb. 5.4: Schaubilder

5.2 Zweiseitiger Signifikanztest

Bei einem zweiseitigen Signifikanztest besteht der Ablehnungsbereich aus zwei Teilen.

Zweiseitiger Signifikanztest
Ist die Nullhypothese durch H_0: $p = p_0$ und die Alternativhypothese durch H_1: $p \neq p_0$ gegeben, dann handelt es sich um einen *zweiseitigen Test* (Abb. 5.5).

Beispiel

Der Hersteller eines Glücksspielautomaten gibt an, dass man in genau 30 % aller Spiele einen Gewinn erzielt. Um diese Aussage zu überprüfen, testen wir die Nullhypothese

H_0: „In genau 30 % aller Spiele wird ein Gewinn erzielt."

auf Basis von 80 Spielen auf einem Signifikanzniveau von 5 % gegen die Alternative H_1: „Nicht in 30 % aller Spiele wird ein Gewinn erzielt.". Geben Sie die Entscheidungsregel an.

Lösung

Es handelt sich um einen zweiseitigen Test mit $n = 80$ (Stichprobenlänge), $p_0 = 0{,}3$ (Einzelwahrscheinlichkeit) und $\alpha = 0{,}05$ (Signifikanzniveau). Wir gehen in mehreren Schritten vor:

1. Die Nullhypothese lautet H_0: $p = 0{,}3$.
2. Die Alternativhypothese lautet H_1: $p \neq 0{,}3$.
3. Unter der Annahme, dass die Nullhypothese gilt, ist die Zufallsgröße X = „Anzahl gewonnener Spiele" durch $X \sim B_{80;\,0,3}$ gegeben.
4. Nun stellen wir eine Tabelle mit den Werten der kumulativen Wahrscheinlichkeitsfunktion auf und suchen den *maximalen* Wert für k_1, so dass $P(X \leq k_1) \leq 0{,}025$. Dabei erhalten wir $k_1 = 15$.
5. Nun stellen wir eine Tabelle mit den Werten der kumulativen Wahrscheinlichkeitsfunktion auf und suchen den *minimalen* Wert für k_2, so dass $P(X \geq k_2) \leq 0{,}025 \Rightarrow P(X \leq k_2 - 1) \geq 0{,}975$. Dabei erhalten wir $k_2 - 1 = 32 \Rightarrow k_2 = 33$.

k_1	$P(X \leq k_1)$	$\leq 0{,}025$?
⋮	⋮	⋮
13	0,0036	ja
14	0,0079	ja
15	0,0161	ja
16	0,0302	nein
17	0,0531	nein
⋮	⋮	⋮

$k_2 - 1$	$P(X \leq k_2 - 1)$	$\geq 0{,}975$?
⋮	⋮	⋮
30	0,9412	nein
31	0,9640	nein
32	0,9789	ja
33	0,9882	ja
34	0,9937	ja
⋮	⋮	⋮

6. Der Ablehnungsbereich lautet dann $\overline{A} = \{0, 1, \ldots, 15\} \cup \{33, 34, \ldots, 100\}$.
7. Der Annahmebereich lautet dann $A = \{16, 17, \ldots, 32\}$.

Theorie & Aufgaben

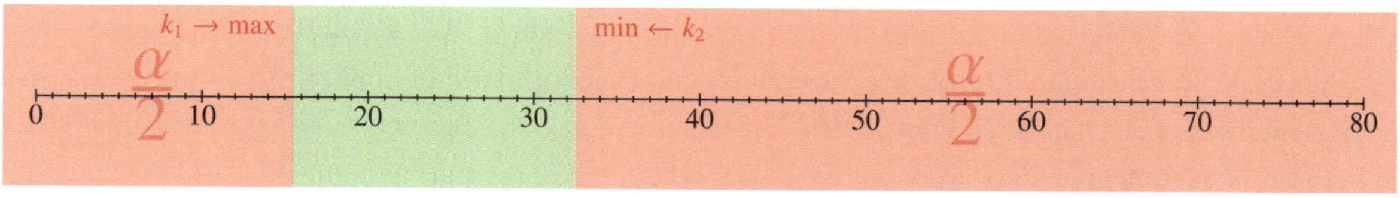

Abb. 5.5: Visualisierung der Entscheidungsregel im Beispiel. H_0: $p = 0{,}3$, H_1: $p \neq 0{,}3$
Ablehnungsbereich $\overline{A} = \{0, 1, \ldots, 15\} \cup \{33, 34, \ldots, 100\}$, Annahmebereich $A = \{16, 17, \ldots, 32\}$.

Man wird dem Hersteller also die Angaben glauben, wenn von 80 Spielen zwischen 16 und 32 gewonnen werden. Andererseits kann man ihm einen Betrug vorwerfen, wenn nur höchstens 15 bzw. mindestens 33 Spiele gewonnen werden. In Abb. 5.6 sind die Versuchsergebnisse für einen Glücksspielautomaten mit der tatsächlichen Gewinnwahrscheinlichkeit von $p = 0{,}3$ graphisch dargestellt. Je Versuchsreihe ist die Anzahl der gewonnenen Spiele als Punkt markiert. Rot gefärbt sind alle Ergebnisse, die in den Ablehnungsbereich fallen. Unsere Berechnungen werden durch die Simulation bestätigt, denn in ca. 5 % (hier: 4 %) aller Fälle liegen wir falsch.

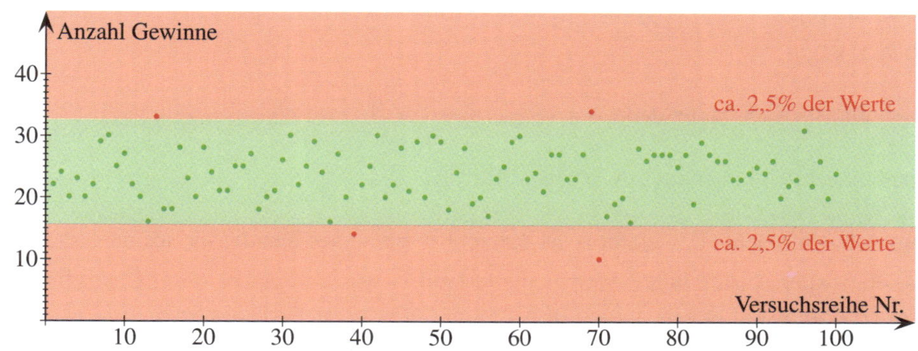

Abb. 5.6: Simulation von 100 Versuchsreihen mit je 80 Spielen für einen Automaten, der die Nullhypothese erfüllt ($p = 0{,}3$)

Beispiel

Bei Hypothesentests ist es sehr sinnvoll, die Wahrscheinlichkeiten der Fehler 1. und 2. Art zu berechnen.

(a) Geben Sie die Wahrscheinlichkeit an, dass dem Hersteller zu Unrecht Betrug vorgeworfen wird, obwohl man in 30 % aller Spiele einen Gewinn erzielt.

(b) Geben Sie die Wahrscheinlichkeit an, dass die Herstellerangaben fälschlicherweise akzeptiert werden, obwohl man in nur 20 % aller Spiele einen Gewinn erzielt.

Lösung

(a) Hier ist der Fehler 1. Art gesucht. Der Wert $p = 0{,}3$ liegt in H_0. Dann gilt für die Anzahl gewonnener Spiele $X \sim B_{80;\,0,3}$. Dem Hersteller wird zu Unrecht Betrug vorgeworfen, wenn $X \in \overline{A}$. Dieses Ereignis hat die Wahrscheinlichkeit $P(X \in \overline{A}) = P(X \leq 15) + P(X \geq 33) = P(X \leq 15) + 1 - P(X \leq 32) = 0{,}0372$.

(b) Hier ist der Fehler 2. Art gesucht. Der Wert $p = 0{,}2$ liegt in H_1. Dann gilt für die Anzahl gewonnener Spiele $X \sim B_{80;\,0,2}$. Die Herstellerangaben werden fälschlicherweise akzeptiert, wenn $X \in A$. Dieses Ereignis hat die Wahrscheinlichkeit $\beta = P(X \in A) = P(X \leq 32) - P(X \leq 15) = 0{,}5445$.

• **194.** Ein Unternehmen liefert Bananen an einen Supermarkt. Es gibt an, dass genau 10 % aller Bananen unreif sind. Sind mehr Bananen unreif, muss der Supermarkt einen niedrigeren Preis zahlen. Sind weniger Bananen unreif, dann muss er einen höheren Preis zahlen. Um eine Lieferung zu untersuchen, testet der Supermarkt 150 Bananen auf ihren Reifegrad. Entwickeln Sie die Entscheidungsregel, wenn der Supermarkt den Normalpreis mit einer Wahrscheinlichkeit von 6 % irrtümlich ablehnen will.

(a) Die Nullhypothese lautet H_0: „____"

(b) Die Alternativhypothese lautet H_1: „____"

(c) Unter der Annahme, dass die Nullhypothese gilt, ist die Zufallsgröße X = „Anzahl unreifer Bananen" durch $X \sim B_{\_\_;\_\_}$ gegeben.

(d) Wir suchen den ____ Wert für k_1, so dass gilt: P(X ____ k_1) ≤ ____ und erhalten k_1 = ____.

(e) Wir suchen den ____ Wert für k_2, so dass gilt: P(X ____ k_2) ≤ ____ ⇒ P(X ____ $k_2 - 1$) ____ 0,97 und erhalten k_2 = ____.

(f) Der Ablehnungsbereich lautet dann $\overline{A}$ = { ____, ____, ..., ____ } ∪ { ____, ____, ..., ____ }.

(g) Der Annahmebereich lautet dann A = { ____, ____, ..., ____ }.

• **195.** Ein Unternehmen möchte die telefonische Erreichbarkeit seines Kundenservice untersuchen. Es wird vermutet, dass ca. 40 % aller Anrufe in der Warteschleife landen, was akzeptabel wäre. Über einen gewissen Zeitraum werden 20 Anrufe getätigt. Mit ihnen soll die Nullhypothese H_0: „Genau 40 % aller Anrufe landen in der Warteschleife." getestet werden. Der Kundenservice könnte dann seine Mitarbeiterzahl beibehalten, erhöhen oder reduzieren.

(a) Formulieren Sie die Alternativhypothese H_1.

(b) Das Signifikanzniveau wird auf 10 % festgelegt. Welche Bedeutung hat dieser Zahlenwert?

Auf Grundlage der obigen Daten wird der Annahmebereich $A = \{4, 5, \ldots, 12\}$ und der Ablehnungsbereich $\overline{A} = \{13, 14, \ldots, 20\}$ festgelegt. Welche Entscheidung würde das Unternehmen treffen, wenn

(c) 7 Anrufe (d) 2 Anrufe (e) 14 Anrufe

in der Warteschleife landen?

•• **196.** Um zu überprüfen, ob ein Würfel fair ist, führen wir einen Test auf einem Signifikanzniveau von α durch. Dabei werfen wir den Würfel 180-mal und testen die Nullhypothese H_0: „Der Würfel ist fair." gegen die Alternative H_1: „Der Würfel ist gezinkt.", indem wir die geworfene Anzahl Sechser untersuchen. Bestimmen Sie die Entscheidungsregel, indem Sie den Annahme- und Ablehnungsbereich zu dem Niveau α angeben.

(a) $\alpha = 10\,\%$ (b) $\alpha = 5\,\%$ (c) $\alpha = 1\,\%$

•• **197.** Nach einem medialen Großereignis will eine Partei untersuchen, ob weiterhin davon ausgegangen werden kann, dass sie von 30 % der Wähler unterstützt wird. Dafür wird eine Umfrage mit 1 000 Befragten und einer Irrtumswahrscheinlichkeit von 1 % durchgeführt. Formulieren Sie die Entscheidungsregel für die Nullhypothese H_0: „Die Partei wird von 30 % der Wähler unterstützt."

198. In einer Urne liegen 100 Kugeln. Angeblich sollen davon 25 schwarz sein. Um dies zu überprüfen, ziehen wir eine Kugel, notieren ihre Farbe und legen sie wieder zurück. Diesen Vorgang wiederholen wir 100-mal. Mit diesem Test überprüfen wir die Nullhypothese H_0: „In der Urne liegen 25 schwarze Kugeln." gegen die Alternative H_1: „In der Urne liegen keine 25 schwarzen Kugeln." Ordnen Sie die Annahmebereiche dem entsprechenden Signifikanzniveau α zu.

(a) $\alpha = 1\,\%$ (b) $\alpha = 5\,\%$ (c) $\alpha = 10\,\%$

(i) $\mathrm{A} = \{17, 18, \ldots, 33\}$ (ii) $\mathrm{A} = \{18, 19, \ldots, 31\}$ (iii) $\mathrm{A} = \{14, 15, \ldots, 36\}$

199. Ein Busunternehmen möchte die Pünktlichkeit seiner Busse untersuchen. Es wird als akzeptabel angesehen, wenn 15 % aller Busse verspätet sind. Auf Basis einer Beobachtung von 270 Bussen soll die Nullhypothese H_0: „Genau 15 % aller Busse sind verspätet." auf einem Signifikanzniveau von 8 % untersucht werden. Sollte sich die Nullhypothese bestätigen, dann kann der Betrieb so weitergehen. Durch Rechnung wird der Annahmebereich $\mathrm{A} = \{30, 31, \ldots, 51\}$ bestimmt. Tim sagt: „Die Wahrscheinlichkeit, dass die Betriebsweise geändert wird, obwohl genau 15 % aller Busse verspätet sind, beträgt mit dieser Entscheidungsregel genau genommen nicht 8 %, sondern 6 %."

(a) Begründen Sie mathematisch, dass Tim Recht hat.

(b) Machen Sie einen Vorschlag, wie der Annahmebereich geringfügig geändert werden kann, damit die von Tim beschriebene Wahrscheinlichkeit näher an den gewünschten 8 % liegt.

200. Wir werfen einen Würfel 180-mal und führen einen zweiseitigen Test mit einem Signifikanzniveau von $\alpha = 10\,\%$ zur Nullhypothese

H_0: „Der Würfel ist fair."

gegen die Alternative H_1: „Der Würfel ist gezinkt." durch, indem wir die geworfene Anzahl Sechser untersuchen. Dabei lehnen wir die Nullhypothese für alle Werte in $\overline{\mathrm{A}} = \{0, 1, \ldots, 21\} \cup \{39, 40, \ldots, 180\}$ ab und nehmen sie für alle Werte in $\mathrm{A} = \{22, 23, \ldots, 38\}$ an. Für die Zufallsgröße X_p = „Anzahl geworfener Sechser" mit der Einzelwahrscheinlichkeit p und $X_p \sim \mathrm{B}_{180;\,p}$ definieren wir nun die Funktion f mit $f(p) = \mathrm{P}(X_p \in \overline{\mathrm{A}})$.

(a) Erläutern Sie, dass der Wert $f(p)$ für alle $p \in H_0$ die Wahrscheinlichkeit für den Fehler 1. Art angibt.

(b) In Abb. 5.7 ist das Schaubild der Funktion f dargestellt. Bestimmen Sie mit Hilfe des Schaubildes den Fehler 1. Art für $p = 0{,}18$.

(c) Erläutern Sie, dass der Wert $1 - f(p)$ für alle $p \in H_1$ die Wahrscheinlichkeit den Fehler 2. Art angibt.

(d) Bestimmen Sie mit Hilfe des Schaubildes den Fehler 2. Art für $p = 0{,}1$.

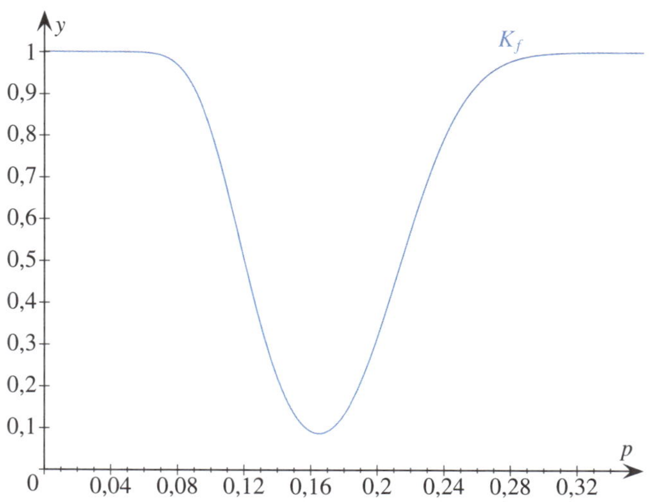

Abb. 5.7: Schaubild zu Aufgabe 200

Teil II.
Lösungen

Einstufige Zufallsexperimente (S. 13 – 17)

1. (a) $\Omega = \{\text{rot, gelb, grün}\}$, $|\Omega| = 3$

(b) $\Omega = \{1, 2, 3, \ldots, 100\}$, $|\Omega| = 100$

(c) $\Omega = \{\text{Karo, Herz, Pik, Kreuz}\}$, $|\Omega| = 4$

(d) $\Omega = \{\text{Montag, Dienstag, \ldots, Sonntag}\}$, $|\Omega| = 7$

2. (a) Ein Würfel hat sechs Seiten. $\Omega = \{1, 2, 3, 4, 5, 6\}$, $|\Omega| = 6$.

(b) $A = \{2, 4, 6\}$, $P(A) = \frac{1}{2}$. $B = \{1, 2\}$, $P(B) = \frac{1}{3}$. $C = \{5, 6\}$, $P(C) = \frac{1}{3}$. $D = \{1, 2, 3, 5, 6\}$, $P(D) = \frac{5}{6}$.

(c) z.B. E = „Augenzahl ist durch 3 teilbar“, F = „Augenzahl kleiner als 4“, G = „Augenzahl ist ungerade“, H = „Augenzahl ist nicht 1“

(d) $\overline{A} = \{1, 3, 5\}$ = „Augenzahl ungerade“, $P(\overline{A}) = \frac{1}{2}$. $\overline{B} = \{3, 4, 5, 6\}$ = „Augenzahl mindestens 3“, $P(\overline{B}) = \frac{2}{3}$. $\overline{C} = \{1, 2, 3, 4\}$ = „Augenzahl kleiner als 5“, $P(\overline{C}) = \frac{2}{3}$. $\overline{D} = \{4\}$ = „Augenzahl gleich 4“, $P(\overline{D}) = \frac{1}{6}$.

3. (a) $\Omega = \{\diamondsuit 2, \diamondsuit 3, \ldots, \diamondsuit A, \heartsuit 2, \ldots, \heartsuit A, \spadesuit 2, \ldots, \spadesuit A, \clubsuit 2, \ldots, \clubsuit A\}$, $|\Omega| = 52$.

(b) Die Ereignisse sind gegeben durch $A = \{\diamondsuit 2, \diamondsuit 3, \diamondsuit 4, \ldots, \diamondsuit 10, \diamondsuit B, \diamondsuit D, \diamondsuit K, \diamondsuit A\}$, $B = \{\diamondsuit 2, \heartsuit 2, \spadesuit 2, \clubsuit 2\}$, $C = \{\diamondsuit B, \heartsuit B, \spadesuit B, \clubsuit B, \diamondsuit K, \heartsuit K, \spadesuit K, \clubsuit K\}$, $D = \{\clubsuit 2, \clubsuit 3, \clubsuit 4, \clubsuit 5, \clubsuit 6\}$. Es gilt $P(A) = \frac{1}{4}$, $P(B) = \frac{1}{13}$, $P(C) = \frac{2}{13}$, $P(D) = \frac{5}{52}$.

4. Wir setzen A = „schwarze Kugel“ und $|A| = n$. Dann gilt $P(A) = \frac{|A|}{|\Omega|} = \frac{n}{|\Omega|} = \frac{1}{7} \Rightarrow |\Omega| = 7n$. Für B = „weiße Kugel“ gilt dann $|B| = 6n$. Also z.B. $n = 1$: 1 schwarze Kugel, 6 weiße Kugeln. $n = 2$: 2 schwarze Kugeln, 12 weiße Kugeln. $n = 3$: 3 schwarze Kugeln, 18 weiße Kugeln. Grundsätzlich müssen sechsmal so viele weiße wie schwarze Kugeln in der Urne liegen.

5. (a) $|\Omega| = 240$, A = „Gewinn“, $|A| = 16$, $P(A) = \frac{|A|}{|\Omega|} = \frac{16}{240} = \frac{1}{15}$

(b) Es liegen nun 40 Lose weniger in der Lostrommel. $|\Omega| = 200$, $|A| = 16$, $P(A) = \frac{|A|}{|\Omega|} = \frac{16}{200} = \frac{2}{25}$

6. $|\Omega| = 4 + 3 + 7 = 14$, A = „rote Kugel“, $|A| = 4$, $P(A) = \frac{|A|}{|\Omega|} = \frac{4}{14} = \frac{2}{7}$.

7. (a) $A = \{9, 10, 11, 12\}$, $\overline{A} = \{1, 2, 3, 4, 5, 6, 7, 8\}$ = „höchstens 8“ = „kleiner als 9“

(b) $B = \{1, 2, 3, 4\}$, $\overline{B} = \{5, 6, 7, 8, 9, 10, 11, 12\}$ = „mindestens 5“ = „größer als 4“

(c) $C = \{11, 12\}$, $\overline{C} = \{1, 2, 3, 4, 5, 6, 7, 8, 9, 10\}$ = „höchstens 10“ = „kleiner als 11“

(d) $D = \{1, 2, 3, 4, 5\}$, $\overline{D} = \{6, 7, 8, 9, 10, 11, 12\}$ = „mindestens 6“ = „größer als 5“

(e) $E = \{4, 5, 6, 7\}$, $\overline{E} = \{1, 2, 3, 8, 9, 10, 11, 12\}$ = „höchstens 3 oder mindestens 8“

(f) $F = \{1, 2, 3, 10, 11, 12\}$, $\overline{F} = \{4, 5, 6, 7, 8, 9\}$ = „mindestens 4, aber höchstens 9“

8. Mengendiagramme siehe Abb. 5.8.

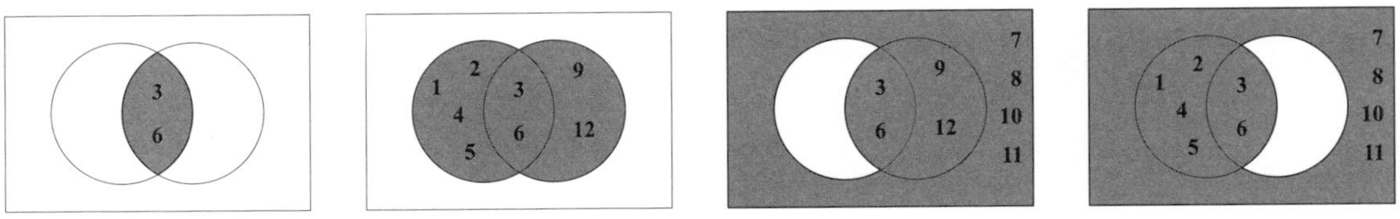

(a) A ∩ B = {3, 6} (b) A ∪ B = {1, 2, 3, 4, 5, 6, 9, 12} (c) $\overline{A}$ ∪ B = {3, 6, 7, 8, 9, 10, 11, 12} (d) A ∪ $\overline{B}$ = {1, 2, 3, 4, 5, 6, 7, 8, 10, 11}

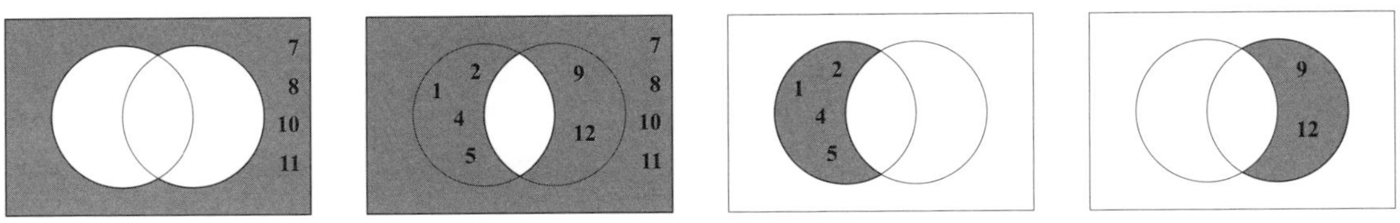

(e) $\overline{A}$ ∩ $\overline{B}$ = {7, 8, 10, 11} (f) $\overline{A}$ ∪ $\overline{B}$ = {1, 2, 4, 5, 7, 8, 9, 10, 11, 12} (g) A \ B = {1, 2, 4, 5} (h) B \ A = {9, 12}

Abb. 5.8: Mengendiagramme zu Aufgabe 8

9. (a) $P(\overline{B}) = 1 - P(B) = 1 - \frac{1}{4} = \frac{3}{4}$

(b) $P(B \cup C) = P(B) + P(C) = \frac{1}{4} + \frac{1}{8} = \frac{3}{8}$

(c) $P(A \cup B \cup C) = \frac{1}{2} + \frac{1}{4} + \frac{1}{8} = \frac{7}{8}$

(d) $P(\overline{A \cup B}) = 1 - P(A \cup B) = 1 - (P(A) + P(B)) = 1 - \left(\frac{1}{2} + \frac{1}{4}\right) = \frac{1}{4}$

10. Es handelt sich um ein Laplace-Experiment, da alle Wege gleich wahrscheinlich sind. Anzahl der möglichen Wege von O nach P: $|\Omega| = 5$. Zwei von diesen Wegen verlaufen durch Q. Somit P(Weg verläuft durch Q) $= \frac{2}{5}$.

11. (a) A trifft und B trifft nicht

(b) B trifft und A trifft nicht

(c) entweder A trifft oder B trifft, nicht aber beide gleichzeitig

(d) keiner von beiden trifft

12. (a) Die Aussage ist falsch. Da A, B und C keine gemeinsamen Elemente haben, gilt $P(A \cup B \cup C) = P(A) + P(B) + P(C) = 0{,}6 + 0{,}3 + 0{,}2 = 1{,}1$. Eine derartige Wahrscheinlichkeit ist aber nicht möglich.

(b) Die Aussage ist falsch. *1. Fehler*: Die Ereignisse „mindestens 30“, „mindestens 60“ und „mindestens 90“ haben gemeinsame Elemente, daher dürfen die Wahrscheinlichkeiten nicht einfach addiert werden. *2. Fehler*: Für die Berechnung der Wahrscheinlichkeit des Ereignisses „Verspätung“ fehlt noch der Zeitraum zwischen 5 und 29 Minuten.

(c) Die Aussage ist falsch. Es gibt 8 mögliche Ereignisse: {}, {1}, {2}, {3}, {1, 2}, {1, 3}, {2, 3}, {1, 2, 3}.

13. Wenn wir die Anzahl an roten Kugeln in der Urne mit n bezeichnen, dann liegt die Anzahl an schwarzen Kugeln bei $n + 7$. Die Wahrscheinlichkeit, eine schwarze Kugel zu ziehen, beträgt somit $\frac{n+7}{2n+7} \leq 0{,}6$. Auflösen der Ungleichung ergibt $n \geq 14$. Es müssen sich also mindestens $2 \cdot 14 + 7 = 35$ Kugeln in der Urne befinden.

Mehrstufige Zufallsexperimente (S. 18 – 23)

14. (a) $\Omega = \{aa, ab, ac, ba, bb, bc, ca, cb, cc\}$. Baumdiagramm siehe Abb. 5.9a.

(b) $\Omega = \{wws, wsw, wss, sww, sws, ssw\}$. Baumdiagramm siehe Abb. 5.9b.

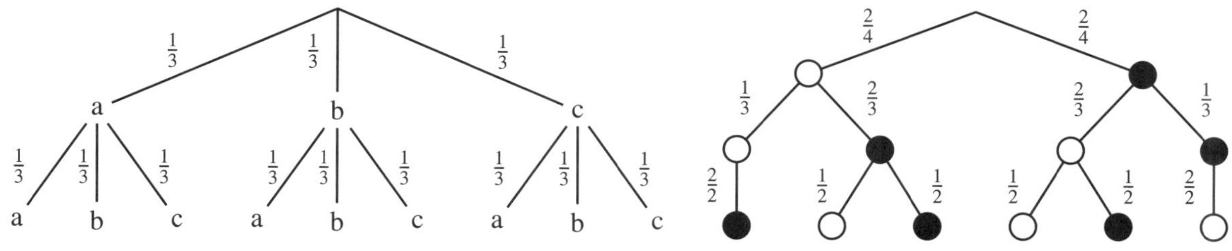

(a) (b)

Abb. 5.9: Baumdiagramme zu Aufgabe 14

15. Laplace-Experiment. $|\Omega| = 36$. $A = \{13, 22, 31\}$, $|A| = 3$. $P(A) = \frac{|A|}{|\Omega|} = \frac{3}{36} = \frac{1}{12}$. $B = \{11, 12, 13, 21, 22, 31\}$, $|B| = 6$, $P(B) = \frac{1}{6}$. $C = \{46, 55, 56, 64, 65, 66\}$, $|C| = 6$, $P(C) = \frac{1}{6}$. $D = \{14, 22, 41\}$, $|D| = 3$, $P(D) = \frac{1}{12}$. $E = \{13, 24, 31, 35, 42, 46, 53, 64\}$, $|E| = 8$, $P(E) = \frac{2}{9}$. $F = \{13, 26, 31, 62\}$, $|F| = 4$, $P(F) = \frac{1}{9}$.

16. (a) In jedem der vier Würfe erhalten wir Kopf oder Zahl. Also $|\Omega| = 2^4 = 16$. Laplace-Experiment.

(b) $A = \{KZZZ, ZKZZ, ZZKZ, ZZZK\}$, $|A| = 4$, $P(A) = \frac{|A|}{|\Omega|} = \frac{4}{16} = \frac{1}{4}$. $B = \{KKZZ, KZKZ, KZZK, ZKKZ, ZKZK, ZZKK\}$, $|B| = 6$, $P(B) = \frac{3}{8}$. Bei dem Ereignis C hilft uns das Gegenereignis: $\overline{C} = \{KKKK\}$, $C = \Omega \setminus \{KKKK\}$, $|C| = 15$, $P(C) = \frac{15}{16}$.

(c) Für die Berechnung der Wahrscheinlichkeit P(D) des Ereignisses D = „mindestens einmal Kopf bei n Würfen“ betrachten wir das Gegenereignis $\overline{D}$ = „kein Kopf bei n Würfen“: $P(D) = 1 - \left(\frac{1}{2}\right)^n$. Auflösen der Ungleichung $1 - \left(\frac{1}{2}\right)^n \geq 0{,}96$ ergibt $n \geq \log_{0,5} 0{,}04 = 4{,}64$. Die Münze muss also mindestens fünfmal geworfen werden.

17. (a) Baumdiagramm siehe Abb. 5.10a.

(b) $\Omega = \{wss, sws, ssw, sss\}$.

(c) $A = \{ssw\}$, $P(A) = \frac{4}{5} \cdot \frac{3}{4} \cdot \frac{1}{3} = \frac{1}{5}$. $B = \{wss, sws, ssw\}$, $P(B) = \frac{1}{5} \cdot 1 \cdot 1 + \frac{4}{5} \cdot \frac{1}{4} \cdot 1 + \frac{4}{5} \cdot \frac{3}{4} \cdot \frac{1}{3} = \frac{3}{5}$. $C = \{wss, sws, sss\}$, $P(C) = \frac{1}{5} \cdot 1 \cdot 1 + \frac{4}{5} \cdot \frac{1}{4} \cdot 1 + \frac{4}{5} \cdot \frac{3}{4} \cdot \frac{2}{3} = \frac{4}{5}$.

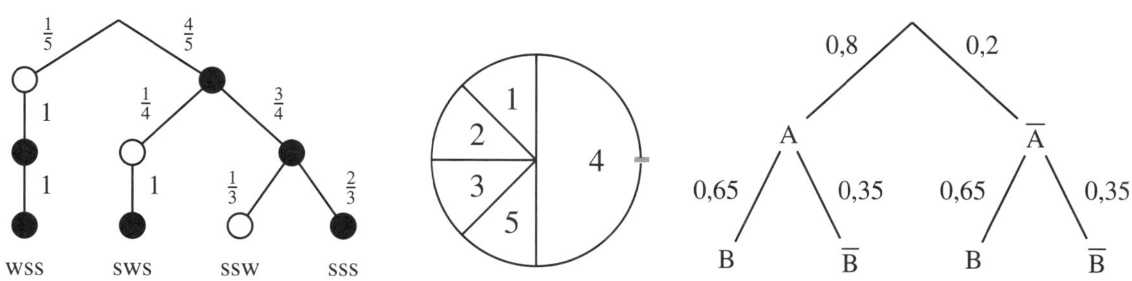

(a) Baumdiagramm zu Aufgabe 17 (b) Bild zu Aufgabe 18b (c) Bild zu Aufgabe 19

Abb. 5.10: Lösungsbilder

18. (a) $|\Omega| = 5^2 = 25$. Laplace-Experiment. $A = \{55\}$, $|A| = 1$, $P(A) = \frac{1}{25}$. $B = \{22, 24, 42, 44\}$, $|B| = 4$, $P(B) = \frac{4}{25}$.
$C = \{54, 53, 52, 51, 43, 42, 41, 32, 31, 21\}$, $|C| = 10$, $P(C) = \frac{2}{5}$.

(b) Wir bezeichnen die Wahrscheinlichkeit, eine 4 zu drehen, mit p. Dann erhalten wir für die Kombination 44 die Wahrscheinlichkeit $p^2 = 0{,}25 \Rightarrow p = 0{,}5$. Also muss die Zahl 4 die Hälfte des Glücksrads ausfüllen (Abb. 5.10b).

19. Baumdiagramm siehe Abb. 5.10c. Wir erhalten

(a) $A \cap B$ = „Beide Parkhäuser haben freie Plätze“. $P(A \cap B) = 0{,}8 \cdot 0{,}65 = 0{,}52$.

(b) $\overline{A} \cap \overline{B}$ = „In keinem Parkhaus gibt es freie Plätze.“. $P(\overline{A} \cap \overline{B}) = 0{,}2 \cdot 0{,}35 = 0{,}07$.

(c) $A \cup B$ = „In mindestens einem Parkhaus gibt es freie Plätze.“
$P(A \cup B) = P(A) + P(B) - P(A \cap B) = 0{,}8 + 0{,}65 - 0{,}52 = 0{,}93$.

(d) $(A \cup B) \setminus (A \cap B)$ = „In genau einem Parkhaus gibt es freie Plätze.“
$P((A \cup B) \setminus (A \cap B)) = P(A \cup B) - P(A \cap B) = 0{,}93 - 0{,}52 = 0{,}41$.

20. (a) Baumdiagramm siehe Abb. 5.11. X = „Treffer, O = „kein Treffer“. Wir berechnen

$$P(A) = P(OOOO) = \left(\frac{1}{5}\right)^4 = \frac{1}{625} = 0{,}0016.$$

$$P(B) = P(XOOO) + P(OXOO) + P(OOXO) + P(OOOX) = 4 \cdot \frac{4}{5} \cdot \left(\frac{1}{5}\right)^3 = \frac{16}{625} = 0{,}026.$$

$$P(C) = P(XX) + P(XOX) + P(OXX) + P(XOOX) + P(OXOX) + P(OOXX)$$
$$= \left(\frac{4}{5}\right)^2 + 2 \cdot \left(\frac{4}{5}\right)^2 \cdot \frac{1}{5} + 3 \cdot \left(\frac{4}{5}\right)^2 \cdot \left(\frac{1}{5}\right)^2 = \frac{608}{625} = 0{,}973.$$

$$P(D) = P(XX) + P(OXX) + P(OOXX) = \left(\frac{4}{5}\right)^2 + \frac{1}{5} \cdot \left(\frac{4}{5}\right)^2 + \left(\frac{1}{5}\right)^2 \cdot \left(\frac{4}{5}\right)^2 = \frac{496}{625} = 0{,}794.$$

(b) Wir erhalten die Ungleichung $1 - 0{,}2^n \geq 0{,}99$ und berechnen $n \geq \log_{0{,}2} 0{,}01 = 2{,}86$. Er muss also mindestens dreimal schießen.

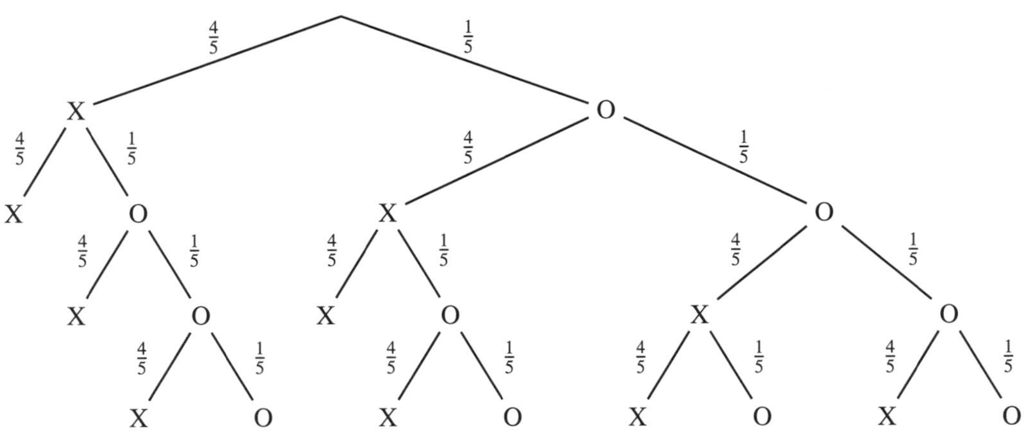

Abb. 5.11: Baumdiagramm zu Aufgabe 20

Lösungen

21. (a) Wir berechnen P(„mindestens eine Frage richtig") = 1 – P(„keine Frage richtig") $= 1 - \left(\frac{3}{4}\right)^5 = 0{,}763$.

(b) Wir erhalten die Ungleichung $1 - \left(\frac{3}{4}\right)^n \geq 0{,}95$ und berechnen $n \geq \log_{0{,}05} \frac{3}{4} = 10{,}41$. Er muss mindestens 11 Fragen bearbeiten.

22. Tim ist im Unrecht. Die Augensummen treten mit unterschiedlichen Wahrscheinlichkeiten auf. Er muss die einzelnen Zahlenkombinationen berücksichtigen, von denen es genau 36 gibt. Nur diese sind alle gleich wahrscheinlich. Tim muss also die Kombinationen als Grundlage für seine Berechnung wählen.

23. Wir schreiben A = „der Mann kauft ein Ticket", B = „der Mann wird kontrolliert".

(a) Der Mann fährt ohne Ticket ($\overline{A}$) und wird kontrolliert (B). Also $P(\overline{A} \cap B) = (1 - P(A)) \cdot P(B) = 0{,}01$.

(b) Wir betrachten das Ereignis: „Mindestens einmal erwischt bei n Fahrten." Gegenereignis: „Nie erwischt bei n Fahrten." P(Gegenereignis) $= 0{,}99^n$. Also

$$1 - (1 - P(\overline{A} \cap B))^n \geq 0{,}9$$

$$\begin{aligned} 1 - 0{,}99^n &\geq 0{,}9 && \mid +0{,}99^n - 0{,}9 \\ 0{,}1 &\geq 0{,}99^n && \mid \log_{0{,}99}() \\ n &\geq \log_{0{,}99} 0{,}1 = 229{,}1 \end{aligned}$$

Der Mann muss also mindestens 230-mal fahren.

24. *Tipp:* Wir zeichnen ein Baumdiagramm mit zwei Stufen. Zudem stellen wir die Zahlen 144 und 132 als Produkt zweier Zahlen dar, z.B. $144 = 12 \cdot 12$ und $132 = 12 \cdot 11$. So viele Möglichkeiten muss das Zufallsexperiment auf den einzelnen Stufen haben.

(a) Zum Beispiel zweimaliges Ziehen eines Loses aus einer Urne mit Losen der Nummern 1 bis 12 (mit Zurücklegen). Dann haben wir im ersten Zug 12 Möglichkeiten und um zweiten Zug auch.

(b) Zum Beispiel zweimaliges Ziehen eines Loses aus einer Urne mit Losen der Nummern 1 bis 12 (ohne Zurücklegen). Dann haben wir im ersten Zug 12 Möglichkeiten, aber im zweiten nur noch 11.

25. (a) 48 %: Die Person ist ein Mann. 100 % – 35 % = 65 %: Dies ist der Anteil unter den Männern, die keine Sportkurse besuchen. Somit ist der Wert von 31,2 % die Wahrscheinlichkeit, mit der eine beschäftigte Person ein Mann ist und keine Sportkurse besucht.

(b) Lösungsskizze siehe Abb. 5.12:

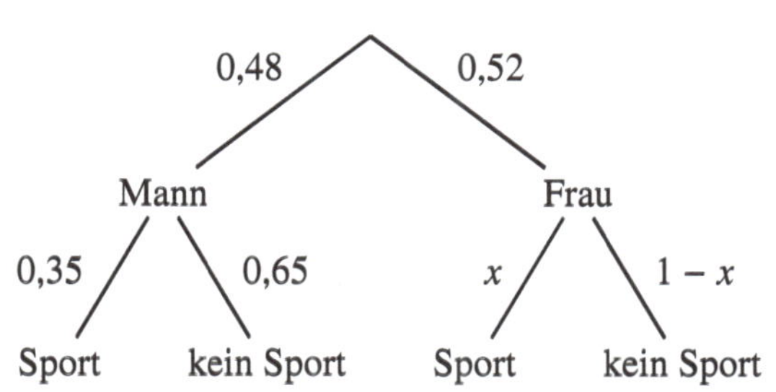

Abb. 5.12: Lösungsskizze zu Aufgabe 25

Wir berechnen: $P(\text{Sport}) = 0{,}48 \cdot 0{,}35 + 0{,}52 \cdot x = 0{,}272 \Rightarrow x = 0{,}2$. Der Anteil beträgt 20 %.

(c) Es gibt genau vier Kombinationen, aus vier Beschäftigten drei Männer auszuwählen: MMMF, MMFM, MFMM, FMMM. Somit erhalten wir: P(3 Männer) $= 4 \cdot 0{,}48^3 \cdot 0{,}52 \approx 0{,}23$. Die Wahrscheinlichkeit beträgt also 23 %.

26. (a) Laplace-Experiment. Wir berechnen

(i) $\Omega = \{\text{Januar, Februar}, \ldots, \text{Dezember}\}$. $|\Omega| = 12$. A = {Juli}. $|A| = 1$. $P(A) = \frac{|A|}{|\Omega|} = \frac{1}{12}$.

(ii) B = „kein Schüler hat im Juli Geburtstag". $P(B) = (1 - P(A))^{25} = \left(1 - \frac{1}{12}\right)^{25} = \left(\frac{11}{12}\right)^{25} = 0{,}114$.

(iii) C = „mindestens ein Schüler hat im Juli Geburtstag". $P(C) = 1 - P(B) = 0{,}886$.

(b) Dies ist z.B. die Wahrscheinlichkeit, dass mindestens ein Schüler im Juli oder August Geburtstag hat.

(c) n = Anzahl Schüler. Wir erhalten die Ungleichung

$$\left(\tfrac{11}{12}\right)^n \leq 0{,}1 \qquad \mid \log_{\frac{11}{12}}$$

$$n \geq \log_{\frac{11}{12}} 0{,}1 = 26{,}46$$

In der Klasse müssen mindestens 27 Schüler sein.

27. (a) Wir berechnen P(unterschiedliche Farben) = P(ws) + P(sw) $= \frac{4}{7} \cdot \frac{3}{8} + \frac{3}{7} \cdot \frac{4}{8} = \frac{3}{7}$.

(b) Wir bezeichnen die Anzahl schwarzer Kugeln in der ersten und zweiten Urne jeweils mit n. Dann enthalten beide Urnen zunächst jeweils $n + 1$ weiße Kugeln und insgesamt $n + (n + 1) = 2n + 1$ Kugeln. Dann gilt

$$\text{P(unterschiedliche Farben)} = \text{P(ws)} + \text{P(sw)} = \frac{2n(n+1)}{(2n+1)(2n+2)} = 0{,}48 \Rightarrow n = 12.$$

In beiden Urnen liegen also zu Beginn je 12 schwarze und 13 weiße Kugeln.

28. Wir stellen fest, dass es für unsere Fragestellung irrelevant ist, in welcher Stunde genau die Übergabe des Dokumentes stattfinden soll und stellen eine Stunde durch ihre 60 Minuten dar.

Die Ankunftszeiten der beiden Agenten stellen wir durch einen Punkt dar, der im Rechteck $[0; 60] \times [0; 60]$ liegt. Dabei steht die erste Koordinate für die Ankunftszeit des ersten Agenten, die zweite Koordinate für die des zweiten Agenten. Als Ergebnismenge wählen wir $\Omega = \{(xy \in [0; 60] \times [0; 60]\}$ und erhalten $|\Omega| = 3\,600$.

Die gesuchte Wahrscheinlichkeit bestimmen wir nun graphisch, siehe Abb. 5.13. Das Ereignis A = „Übergabe erfolgreich" lässt sich schreiben als $A = \{xy \in [0; 60] \times [0; 60] : |x - y| \leq 20\}$. Die Wahrscheinlichkeit entspricht genau dem Flächenanteil des eingefärbten Sektors an der Gesamtfläche. Der Flächeninhalt von A beträgt $|A| = 60 \cdot 60 - 40 \cdot 40 = 2\,000$. Somit ergibt sich

$$\text{P(Übergabe erfolgreich)} = \frac{|A|}{|\Omega|} = \frac{2\,000}{3\,600} = \frac{5}{9}.$$

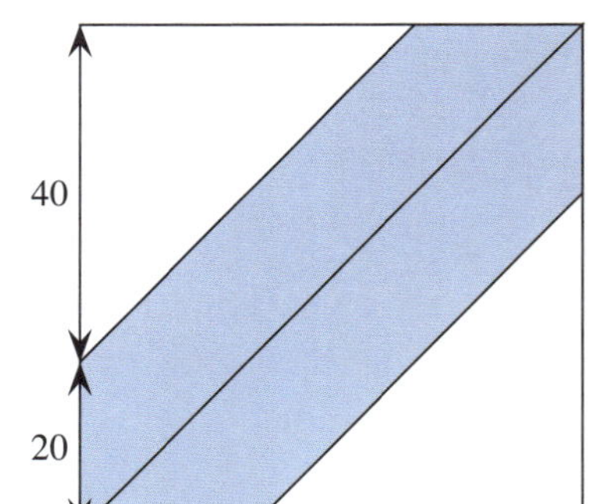

Abb. 5.13: Lösungsskizze zu Aufgabe 28

Kombinatorische Hilfsmittel (S. 24 – 31)

29. (a) Alle Codes bis auf `3AP1` können gebildet werden. Alle Codes sind einzigartig.

(b) $|\Omega| = 26 \cdot 10 \cdot 10 \cdot 26 = 67\,600$

(c) P(nur Konsonanten) $= \frac{21 \cdot 10 \cdot 10 \cdot 21}{26 \cdot 10 \cdot 10 \cdot 26} = 0{,}652$

30. (a) Alle Codes können gebildet werden. Alle Codes sind einzigartig.

(b) $|\Omega| = 26^4 = 456\,976$

(c) P(nur Konsonanten) $= \frac{21^4}{26^4} = 0{,}426$

31. (a) $26^7 = 8{,}03 \cdot 10^9$ Passwörter

(b) 1 Milliarde $= 10^9$. Wir erhalten $8{,}03 \cdot 10^9/10^9 = 8{,}03$ Sekunden.

(c) In einem Jahr schafft ein solcher Computer genau

$$10^9 \cdot \underbrace{60}_{\text{Sekunden/Minute}} \cdot \underbrace{60}_{\text{Minuten/Stunde}} \cdot \underbrace{24}_{\text{Stunden/Tag}} \cdot \underbrace{365}_{\text{Tage/Jahr}} = 3{,}15 \cdot 10^{16}$$

Passwörter. An einer Stelle haben wir $26+26+10 = 62$ mögliche Zeichen. So erhalten wir die Ungleichung $62^k \geq 3{,}15 \cdot 10^{16} \Rightarrow k \geq \log_{62}(3{,}15 \cdot 10^{16}) = 9{,}20$. Das Passwort muss also mindestens 10 Stellen haben.

(d) Zum Beispiel erfüllen auch Passwörter der Länge 9 und einem verfügbaren Zeichensatz von mindestens 69 (also Buchstaben, Ziffern und einige Sonderzeichen) die in (c) genannten Anforderungen.

32. (a) 20 (b) 42 (c) $\frac{1}{6}$ (d) 56 (e) 15 (f) 720

33. (a) Nur die Codes `AMUB` und `BMAU`. Beide Codes sind einzigartig.

(b) $|\Omega| = \frac{26!}{(26-4)!} = 358\,800$

(c) P(nur Konsonanten) $= \frac{21!/(21-4)!}{26!/(26-4)!} = 0{,}400$

34. (a) 10 (b) 1 (c) 70 (d) 1 (e) 35 (f) 5

35. (a) Nur die Auswahlen `AMUB` und `BMAU`. Beide Auswahlen werden als gleichwertig behandelt.

(b) $|\Omega| = \binom{26}{4} = 14\,950$

(c) P(nur Konsonanten) $= \frac{\binom{21}{4}}{\binom{26}{4}} = 0{,}400$

36. (a) Geordnete Stichprobe ohne Zurücklegen. Denn jeder Schütze darf nur einmal schießen und die Reihenfolge ist im Elfmeterschießen wichtig.

(b) Ungeordnete Stichprobe ohne Zurücklegen. Eine Person darf nicht zweimal ausgewählt werden. Die Reihenfolge spielt keine Rolle. Es geht nur darum, wer im Team ist.

(c) Geordnete Stichprobe ohne Zurücklegen. Eine Person darf nur einen Platz belegen, die Reihenfolge ist wichtig.

(d) (Un)geordnete Stichprobe ohne Zurücklegen. Eine Karte wird nur einmal verteilt. Meistens wird auf die Reihenfolge verzichtet. Es geht vor allem darum, wer die Karten auf der Hand hat. In manchen Fragestellungen (z.B. „Wer hat diese Karte erhalten"?) ist die Reihenfolge wichtig.

(e) Geordnete Stichprobe ohne Zurücklegen. Jeder Kandidat scheidet genau einmal aus. Das Wort „nacheinander" zeigt die Reihenfolge an.

(f) Geordnete Stichprobe mit Zurücklegen. Jede Seite eines Würfels kann mehrfach geworfen werden. Das Wort „nacheinander“ zeigt die Reihenfolge an (bei der Summe der Augenzahlen wäre die Reihenfolge unerheblich).

(g) Ungeordnete Stichprobe mit Zurücklegen. Ein Kandidat kann auch mehrere Stimmen erhalten. Die Reihenfolge, in der die Stimmen verteilt werden, spielt keine Rolle. Entscheidend ist, wer die Stimmen bekommen hat.

(h) Ungeordnete Stichprobe ohne Zurücklegen. Eine Kugel kann nur einmal gezogen werden. Die Reihenfolge, in der die Kugeln gezogen werden, spielt keine Rolle. Entscheidend ist, welche Kugeln es sind.

37. Es gibt $10^4 = 10\,000$ Kombinationen.

38. Geordnete Stichprobe ohne Zurücklegen. Ein Lied wird nur einmal gespielt. Die Reihenfolge ist hier wichtig. Die Band kann die Lieder auf $|\Omega| = \frac{12!}{(12-7)!} = 3\,991\,680$ verschiedene Arten spielen.

39. Ungeordnete Stichprobe ohne Zurücklegen. Jedes Gästepaar stößt nur einmal an. Die Reihenfolge ist unwichtig, wenn es nur um die Anzahl geht.

(a) $\binom{10}{2} = 45$ (b) $\binom{100}{2} = 4\,950$

40. Geordnete Stichprobe ohne Zurücklegen. Jede Person wird nur einmal vergeben. Wer mit wem tanzt, ist wichtig. $|\Omega| = \frac{10!}{(10-10)!} = 10!$. Anschaulich: Wir verteilen die 10 Jungs auf die 10 Mädchen und erhalten $10! = 3\,628\,800$ Möglichkeiten.

41. Ungeordnete Stichprobe ohne Zurücklegen. Jede Person ist nur einmal in einer Gruppe. Es geht um die Zusammensetzung, also ist die Reihenfolge nicht wichtig. Es entstehen

(a) $\binom{6}{2} = 15$ (b) $\binom{6}{3} = 20$ (c) $\binom{6}{4} = 15$

Fotos.

42. Geordnete Stichprobe ohne Zurücklegen. Eine Karte kann nur einmal gezogen werden. Die Reihenfolge ist wichtig. $|\Omega| = \frac{52!}{(52-2)!} = 52 \cdot 51 = 2\,652$.

(a) $|A| = 52 \cdot 48 = 2\,496$. $P(A) = \frac{|A|}{|\Omega|} = \frac{16}{17}$. (b) $|B| = 52 \cdot 39 = 2\,028$. $P(B) = \frac{|B|}{|\Omega|} = \frac{13}{17}$.

43. Ungeordnete Stichprobe ohne Zurücklegen. Eine Kugel wird nur einmal verteilt. Die Reihenfolge ist nicht wichtig. Bei Wahrscheinlichkeiten ist hier aber auch der Ansatz mit Reihenfolge möglich. $|\Omega| = \binom{10}{2} = 45$.

(a) Schaubild siehe Abb. 5.14a. $|A| = 9$. $P(A) = \frac{|A|}{|\Omega|} = \frac{9}{45} = \frac{1}{5}$.

(b) Schaubild siehe Abb. 5.14b. $|B| = 10$. $P(B) = \frac{|B|}{|\Omega|} = \frac{10}{45} = \frac{2}{9}$.

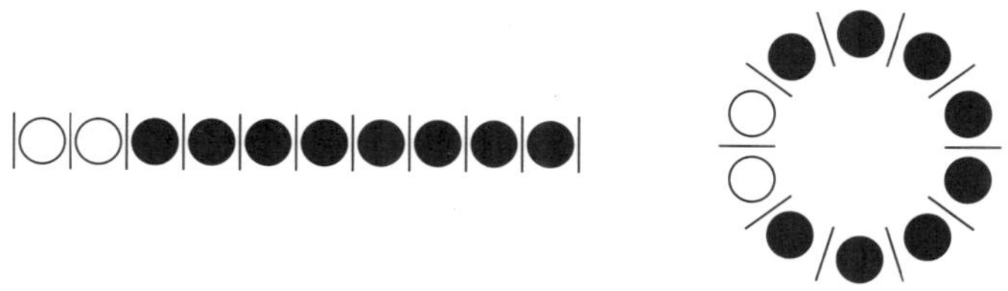

(a) Reihe (b) Kreis

Abb. 5.14: Schaubilder zu Aufgabe 43

44. Geordnete Stichprobe ohne Zurücklegen. Jeder Buchstabe wird nur einmal verteilt. Die Reihenfolge ist bei der Bildung von Wörtern wichtig. Es gibt insgesamt $|\Omega| = 7! = 5\,040$ Buchstabenfolgen (inkl. des Wortes selbst). Wir schreiben A = „Folge SCH enthalten". Dann gilt

$$|A| = \underbrace{5}_{\text{Anzahl Positionen für SCH}} \cdot \underbrace{4!}_{\text{restliche Buchstaben}} = 120.$$

Kombinationen für die spezielle Folge: $P(\text{SCH enthalten}) = \frac{|A|}{|\Omega|} = \frac{120}{5\,040} = \frac{1}{42}$.

45. Geordnete Stichprobe mit Zurücklegen. In jedem Zug stehen jeweils 8 verschiedene Farben zur Verfügung. Insgesamt haben wir 9 Züge. Also erhalten wir insgesamt $\underbrace{8 \cdot 8 \cdot \ldots \cdot 8}_{\text{9-mal}} = 8^9$ verschiedene Möglichkeiten.

46. Geordnete Stichprobe mit Zurücklegen. Grundsätzlich kann jede Seite eines Würfels öfter geworfen werden. Die Reihenfolge der Würfe ist wichtig. $|\Omega| = 6^6$. $|A| = 6!$. $P(A) = \frac{|A|}{|\Omega|} = \frac{5}{324}$.

47. Geordnete Stichprobe ohne Zurücklegen. Jeder Buchstabe darf nur einmal vorkommen. Die Reihenfolge der Buchstaben ist bei Wörtern wichtig. Wir berechnen:

(a) $7 \cdot 6 \cdot 5 = \frac{7!}{(7-3)!} = 210$ (b) $4 \cdot 3 \cdot 2 = \frac{4!}{(4-3)!} = 24$ (c) $\underbrace{1}_{N} \cdot \frac{6!}{(6-2)!} = 30$ (d) $\underbrace{3}_{N} \cdot \frac{6!}{(6-2)!} = 90$

48. Geordnete Stichprobe ohne Zurücklegen. Die Kugeln werden nacheinander gezogen. Wir berechnen

(a) $8 \cdot 7 \cdot 6 = \frac{8!}{(8-3)!} = 336$ (b) $4 \cdot 3 \cdot 2 = \frac{4!}{(4-3)!} = 24$

(c) 6 Kombinationen mit den Kugeln 1, 2 und 3; 6 Kombinationen mit den Kugeln 1, 2 und 4. Also erhalten wir insgesamt 12 Möglichkeiten.

49. Geordnete Stichprobe ohne Zurücklegen. Jede Karte wird nur einmal gezogen. Die Karten werden nacheinander gezogen. Wir berechnen $|\Omega| = 52 \cdot 51 \cdot \ldots \cdot 48 = \frac{52!}{(52-5)!} = 311\,875\,200$.

(a) $|A| = 39 \cdot 38 \cdot \ldots \cdot 35 = \frac{39!}{(39-5)!} = 69\,090\,840$. $P(A) = 0{,}222$.

(b) $\overline{B}$ = „kein Bube". $|\overline{B}| = \frac{48!}{(48-5)!} = 205\,476\,480$. $P(\overline{B}) = 0{,}659$. B = „mindestens ein Bube". $P(B) = 0{,}341$.

(c) 44 Karten haben maximal den Wert einer Dame. $|C| = \frac{44!}{(44-5)!} = 130\,320\,960$. $P(C) = 0{,}417$.

(d) 13 Karten sind von einer Farbe. Es gibt 4 Farben. $|D| = \underbrace{4}_{\text{Farben}} \cdot \frac{13!}{(13-5)!} = 617\,760$. $P(D) = 0{,}0020$.

50. Ungeordnete Stichprobe ohne Zurücklegen. Jede Person wird nur einmal kontrolliert. Die Reihenfolge ist nicht wichtig. $|\Omega| = \binom{46}{2} = 1\,035$. A = „mindestens ein Schwarzfahrer“. $|\overline{A}| = \binom{40}{2} = 780$. $P(\overline{A}) = \frac{|\overline{A}|}{|\Omega|} = \frac{52}{69}$. $P(A) = 1 - \frac{52}{69} = \frac{17}{69}$.

51. Geordnete Stichprobe mit Zurücklegen. Eine Seite darf mehrmals geworfen werden. Die Augenzahlen werden nacheinander notiert. Es gilt $|\Omega| = 6^4 = 1\,296$. Tim hat Recht, denn $|A| = 5 \cdot 5 \cdot 1 \cdot 6$. Im ersten und zweiten Wurf darf jeweils nicht die 6 erscheinen (also „$5 \cdot 5$“), im dritten Wurf muss sie erscheinen (also „$\cdot\, 1$“), das Ergebnis des letzten Wurfes ist egal (also „$\cdot\, 6$“).

52. Geordnete Stichprobe mit Zurücklegen. $|\Omega| = 2^7 = 128$. Wir stellen eine Auswahl möglicher Lösungen vor.

(a) *Möglichkeit 1*: Genau dreimal Kopf. *Möglichkeit 2*: Genau dreimal Zahl.

(b) *Möglichkeit 1*: Mindestens fünfmal Kopf. *Möglichkeit 2*: Mindestens fünfmal Zahl.

(c) *Möglichkeit 1*: An der ersten Stelle Kopf. *Möglichkeit 2*: An der letzten Stelle Zahl.

(d) *Möglichkeit 1*: Nicht viermal Kopf. *Möglichkeit 2*: Nicht viermal Zahl.

53. Tim liegt falsch. Er hat das Prinzip des Urnenmodells falsch angewendet. Natürlich kann er eine gewählte Kugel Eis nicht mehr zurücklegen. Im mathematischen Sinne bedeutet „ohne Zurücklegen“ jedoch, dass er die gleiche Sorte nicht zweimal wählen darf. Das ist aber in Eisdielen sehr wohl erlaubt. Mathematisch handelt es sich hier also um eine „ungeordnete Stichprobe mit Zurücklegen“.

54. Geordnete Stichprobe mit Zurücklegen. Jede Farbe darf mehrfach im Code vorkommen. Die Positionen der Farben sind wichtig.

(a) $2^{16} = 65\,536$ Möglichkeiten

(b) Nun ist die Anzahl n an Pixeln unbekannt. $2^n \geq 9 \cdot 10^9 \Rightarrow k \geq \log_2(9 \cdot 10^9) = 33{,}07$. Der Code müsste aus mindestens 34 Pixeln bestehen. Ist der Code quadratisch, müsste er aus mindestens 6×6 Pixeln bestehen.

55. Ungeordnete Stichprobe ohne Zurücklegen. Jeder Apfel wird maximal einmal ausgewählt. Die Äpfel werden nicht nacheinander gezogen. Insgesamt gibt es $|\Omega| = \binom{25}{4}$ Möglichkeiten, die Äpfel zu ziehen.

(a) Es müssen 4 der 20 Äpfel ausgewählt werden, die in Ordnung sind.

$$P(\text{alle 4 Äpfel in Ordnung}) = \frac{\binom{20}{4} \cdot \binom{5}{0}}{\binom{25}{4}} = 0{,}383$$

(b) Dies ist die Wahrscheinlichkeit, eine Kiste fälschlicherweise anzunehmen, wenn in der Stichprobe n Äpfel entnommen werden. Mit wachsendem n sinkt diese Wahrscheinlichkeit und strebt gegen 0.

(c) Es dürfen maximal 2 Äpfel entnommen werden:

$$P(\text{alle 2 Äpfel in Ordnung}) = \frac{\binom{20}{2} \cdot \binom{5}{0}}{\binom{25}{2}} = 0{,}633$$

Dies ist der letzte n-Wert, für den die Wahrscheinlichkeit in dem Schaubild über 60 % liegt.

Hinweis: Aufgaben dieser Art können mit der *hypergeometrischen Verteilung* gelöst werden.

56. Es wird nur eine Auswahl möglicher Lösungen vorgestellt.

(a) *Möglichkeit 1*: Im ersten Wurf keine 1. *Möglichkeit 2*: Im letzten Wurf keine 6.

(b) *Möglichkeit 1*: In keinem Wurf eine 1. *Möglichkeit 2*: In keinem Wurf eine 6.

(c) Alle Zahlen verschieden.

(d) Viererpasch.

57. Zur Lösung dieses Problems betrachten wir die Ergebnismenge Ω mit $|\Omega| = 365^{23}$ und das Ereignis A = „mindestens zwei Personen haben am selben Tag Geburtstag". Zur Berechnung der Wahrscheinlichkeit von A betrachten wir zunächst das Gegenereignis $\overline{A}$ = „alle Personen haben an unterschiedlichen Tagen Geburtstag". Wir erhalten

$$|\overline{A}| = 365 \cdot 364 \cdot \ldots \cdot 343 = \frac{365!}{(365-23)!} = \frac{365!}{342!}$$

und $P(\overline{A}) = 0{,}493$. Daraus ergibt sich $P(A) = 1 - P(\overline{A}) = 0{,}507$. Die Wahrscheinlichkeit, dass unter 23 Personen mindestens zwei von ihnen am selben Tag Geburtstag haben, liegt also bei etwa 50 %. Sie wird von den meisten Menschen jedoch auf nur etwa 1 – 5 % geschätzt. Aufgrund dieser Tatsache wird die obige Fragestellung auch *Geburtstagsparadoxon* genannt.

58. Für jeden Teiler z der Zahl 1 000 000 gilt: $z = 2^x \cdot 5^y$, wobei $x, y \in \{0, \ldots, 6\}$. Die Anzahl der Teiler beträgt also $7 \cdot 7 = 49$.

59. Ungeordnete Stichprobe ohne Zurücklegen. Jede Kugel wird höchstens einmal gezogen. Die Kugeln werden nacheinander ausgewählt.

(a) $|\Omega| = \binom{49}{6} = 13\,983\,816$

(b) Von den 6 getippten Zahlen müssen genau 4 gezogen werden, ohne Beachtung der Reihenfolge. Die anderen zwei Kugeln müssen aus der Menge der 43 nicht getippten stammen. Wir berechnen $\binom{6}{4} \cdot \binom{43}{2} = 13\,545$ und somit P(4 Richtige) = 0,00097.

(c) Wir erhalten

(i) $\binom{6}{0} \cdot \binom{43}{6} = 6\,096\,454$, P(0 Richtige) = 0,436

(ii) $\binom{6}{1} \cdot \binom{43}{5} = 5\,775\,588$, P(1 Richtige) = 0,413

(iii) $\binom{6}{2} \cdot \binom{43}{4} = 1\,851\,150$, P(2 Richtige) = 0,132

(iv) $\binom{6}{3} \cdot \binom{43}{3} = 246\,820$, P(3 Richtige) = 0,018

(v) $\binom{6}{5} \cdot \binom{43}{1} = 258$, P(5 Richtige) = $1{,}8 \cdot 10^{-5}$

(vi) $\binom{6}{6} \cdot \binom{43}{0} = 1$, P(6 Richtige) = $7{,}2 \cdot 10^{-8}$

60. (a) $99 = 1 \cdot 2^6 + 1 \cdot 2^5 + 0 \cdot 2^4 + 0 \cdot 2^3 + 0 \cdot 2^2 + 1 \cdot 2^1 + 1 \cdot 2^0 = \underline{1100011_2}$

(b) $\underline{0010001_2} = 0 \cdot 2^6 + 0 \cdot 2^5 + 1 \cdot 2^4 + 0 \cdot 2^3 + 0 \cdot 2^2 + 0 \cdot 2^1 + 1 \cdot 2^0 = 17$

(c) $\underbrace{\binom{7}{2}}_{\text{\#Mögl. für Nullen}} \cdot \underbrace{\binom{5}{5}}_{\text{\#Mögl. für Einsen}} = 21$

(d) 3 oder 4 Einsen: $\underbrace{\binom{7}{3}}_{\text{\#Mögl. für Nullen}} \cdot \underbrace{\binom{4}{4}}_{\text{\#Mögl. für Einsen}} = \underbrace{\binom{7}{4}}_{\text{\#Mögl. für Nullen}} \cdot \underbrace{\binom{5}{3}}_{\text{\#Mögl. für Einsen}} = 35$

(e) $2^n \geq 10^9 \Rightarrow n \geq \log_2(10^9) = 29{,}90$. Der Binärcode müsste also 30 Stellen haben.

Lösungen

61. Wir rechnen mit dem Ansatz „Geordnete Stichprobe mit Zurücklegen“. Jede Seite darf mehrfach geworfen werden. Auch der Ansatz „ungeordnete Stichprobe“ wäre möglich. $|\Omega| = 6^5 = 7\,776$.

(a) $|A| = 6$, $P(A) = \frac{1}{1\,296} = 0{,}00077$

(b) $|B| = \underbrace{6}_{\text{Wert des Viererpaschs}} \cdot \underbrace{5}_{\text{Position des Viererpaschs}} \cdot \underbrace{5}_{\text{anderer Zahlenwert}} = 150$, $P(B) = \frac{25}{1\,296} = 0{,}019$

(c) $|C| = \underbrace{6}_{\text{Wert des Dreierpaschs}} \cdot \underbrace{\binom{5}{3}}_{\text{Position des Dreierpaschs}} \cdot \underbrace{5}_{\text{anderes Paar}} = 300$, $P(C) = \frac{25}{648} = 0{,}039$

(d) $|D| = \underbrace{6}_{\text{Wert des Dreierpaschs}} \cdot \underbrace{\binom{5}{3}}_{\text{Position des Dreierpaschs}} \cdot \underbrace{5 \cdot 4}_{\text{andere Zahlenwerte}} = 1\,200$, $P(D) = \frac{25}{162} = 0{,}154$

(e) $|E| = \frac{1}{2} \cdot \underbrace{6}_{\text{Wert Paar 1}} \cdot \underbrace{\binom{5}{2}}_{\text{Position Paar 1}} \cdot \underbrace{5}_{\text{Wert Paar 2}} \cdot \underbrace{\binom{3}{2}}_{\text{Position Paar 2}} \cdot \underbrace{4}_{\text{anderer Zahlenwert}} = 1\,800$, $P(E) = \frac{25}{108} = 0{,}231$

Hier ist der Faktor $\frac{1}{2}$ besonders wichtig, da sonst jede Paarkombination doppelt gezählt werden würde.

(f) $|F| = \underbrace{6}_{\text{Wert Paar 1}} \cdot \underbrace{\binom{5}{2}}_{\text{Pos Paar 1}} \cdot \underbrace{5 \cdot 4 \cdot 3}_{\text{andere Zahlenwerte}}$, $P(F) = \frac{25}{54} = 0{,}463$

62. $|\Omega| = \binom{52}{5} = 2\,598\,960$.

(a) $|A| = \underbrace{10}_{\text{Startkarte}} \cdot \underbrace{\binom{4}{1}}_{\text{je eine bestimmte Karte}} = 40$, $P(A) = 1{,}5 \cdot 10^{-5}$

(b) $|B| = \underbrace{\binom{13}{1}}_{\text{1 Wert}} \cdot \underbrace{\binom{4}{4}}_{\text{4 Karten davon}} \cdot \underbrace{\binom{12}{1}}_{\text{anderer Wert}} \cdot \underbrace{\binom{4}{1}}_{\text{1 Karte davon}} = 624$, $P(B) = 0{,}00024$

(c) $|C| = \underbrace{\binom{13}{1}}_{\text{1 Wert}} \cdot \underbrace{\binom{4}{3}}_{\text{3 Karten davon}} \cdot \underbrace{\binom{12}{1}}_{\text{anderer Wert}} \cdot \underbrace{\binom{4}{2}}_{\text{2 Karten davon}} = 3\,744$, $P(C) = 0{,}0014$

(d) $|D| = \underbrace{\binom{4}{1}}_{\text{1 Farbe}} \cdot \underbrace{\binom{13}{5}}_{\text{5 Karten davon}} - \underbrace{10 \cdot \binom{4}{1}}_{\text{Straight Flush}} = 5\,108$, $P(D) = 0{,}0020$

(e) $|E| = \underbrace{10}_{\text{Startkarte}} \cdot \underbrace{\binom{4}{1}^5}_{\text{5 aufeinanderfolgende Karten}} - \underbrace{10 \cdot \binom{4}{1}}_{\text{Straight Flush}} = 10\,200$, $P(E) = 0{,}0039$

(f) $|F| = \underbrace{\binom{13}{1}}_{\text{1 Wert}} \cdot \underbrace{\binom{4}{3}}_{\text{3 Karten davon}} \cdot \underbrace{\binom{12}{2}}_{\text{2 andere Werte}} \cdot \underbrace{\binom{4}{1}^2}_{\text{je eine Karte davon}} = 54\,912$, $P(F) = 0{,}021$

(g) $|G| = \underbrace{\binom{13}{2}}_{\text{2 Werte}} \cdot \underbrace{\binom{4}{2}^2}_{\text{jeweils 2 Karten davon}} \cdot \underbrace{\binom{11}{1}}_{\text{anderer Wert}} \cdot \underbrace{\binom{4}{1}}_{\text{1 Karte davon}} = 132\,552$, $P(G) = 0{,}048$

(h) $|H| = \underbrace{\binom{13}{1}}_{\text{1 Wert}} \cdot \underbrace{\binom{4}{2}}_{\text{2 Karten davon}} \cdot \underbrace{\binom{12}{3}}_{\text{3 andere Werte}} \cdot \underbrace{\binom{4}{1}^3}_{\text{jeweils eine Karte davon}} = 1\,098\,240$, $P(H) = 0{,}423$

(i) $P(I) = 1 - P(A) - P(B) - \ldots - P(H) = 0{,}500$

63. Wir notieren alle gezogenen Kugeln in aufsteigender Reihenfolge und verwenden folgenden Trick: Sobald wir von einer Kugelsorte auf eine andere wechseln, notieren wir dies mit einer grauen Box. Kommt eine Kugelsorte überhaupt nicht vor, markieren wir dies ebenfalls mit einer grauen Box (Abb. 5.15). Das gestellte Problem lässt sich also übertragen in das Verteilen von $n-1$ grauen Boxen auf $n+k-1$ freie Plätze. Und dafür gibt es $\binom{n+k-1}{n-1} = \binom{n+k-1}{k}$ verschiedene Möglichkeiten.

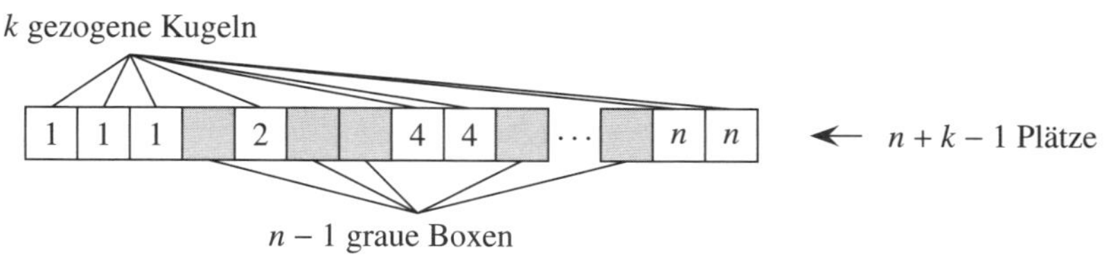

Abb. 5.15: Schaubild zu Aufgabe 63

Additionssatz (S. 32 – 33)

64. $|\Omega| = 52$. A = „Bube“. $|A| = 4$, $P(A) = \frac{4}{52} = \frac{1}{13}$. B = „Karo“. $|B| = 13$, $P(B) = \frac{13}{52} = \frac{1}{4}$. $A \cup B$ = „Bube oder Karo“. $P(A \cup B) = P(A) + P(B) - P(A \cap B) = \frac{1}{13} + \frac{1}{4} - \frac{1}{52} = \frac{4}{13}$.

65. $|\Omega| = 1\,200$. A = „durch 2 teilbar“. B = „durch 3 teilbar“. C = „durch 6 teilbar“.

(a) $|C| = 200$. $P(C) = \frac{|C|}{|\Omega|} = \frac{200}{1\,200} = \frac{1}{6}$.

(b) $|A| = 600$, $P(A) = \frac{|A|}{|\Omega|} = \frac{600}{1\,200} = \frac{1}{2}$. $|B| = 400$, $P(B) = \frac{|B|}{|\Omega|} = \frac{400}{1\,200} = \frac{1}{3}$.
$P(A \cup B) = P(A) + P(B) - P(A \cap B) = P(A) + P(B) - P(C) = \frac{1}{2} + \frac{1}{3} - \frac{1}{6} = \frac{2}{3}$.

(c) $P(\overline{A \cup B}) = 1 - P(A \cup B) = 1 - \frac{2}{3} = \frac{1}{3}$.

(d) $P(A \cup B) - P(A \cap B) = \frac{2}{3} - P(C) = \frac{2}{3} - \frac{1}{6} = \frac{1}{2}$.

66. Es gilt $|\Omega| = 30$.

(a) Schaubild siehe Abb. 5.16a. $|\overline{A}| = 18$. $P(\overline{A}) = \frac{18}{30} = \frac{3}{5}$.

(b) Schaubild siehe Abb. 5.16b. $|A \cup B| = 20$. $P(A \cup B) = \frac{20}{30} = \frac{2}{3}$.

(c) $\overline{A} \cap \overline{B}$ = „Der Schüler betreibt weder Sport noch spielt er ein Musikinstrument.“
$|\overline{A} \cap \overline{B}| = 10$. $P(\overline{A} \cap \overline{B}) = \frac{10}{30} = \frac{1}{3}$.

(d) $\overline{A} \cap B$ = „Der Schüler ist nicht im Sportverein, spielt aber ein Musikinstrument.“
$|\overline{A} \cap B| = 8$. $P(\overline{A} \cap B) = \frac{8}{30} = \frac{4}{15}$.

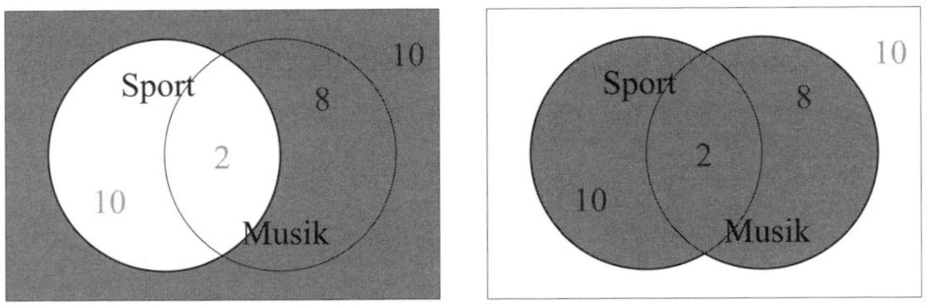

(a) $\overline{A}$ (b) $A \cup B$

Abb. 5.16: Mengendiagramme zu Aufgabe 66

67. Wir berechnen, dass 40 Schüler nur in Mathematik gut sind, aber nicht in Englisch. Außerdem sind 182 Schüler nur in Englisch gut, nicht aber in Mathematik. Somit haben beide Schüler Recht. In Tim's Aussage geht es darum, dass 390 Schüler entweder in Mathematik oder in Englisch oder in beidem gut sind. In Sophie's Aussage geht es darum, dass die Schüler in genau einem Fach gut sind, nicht aber in beiden gleichzeitig.

68. Siehe Schaubild 5.17.

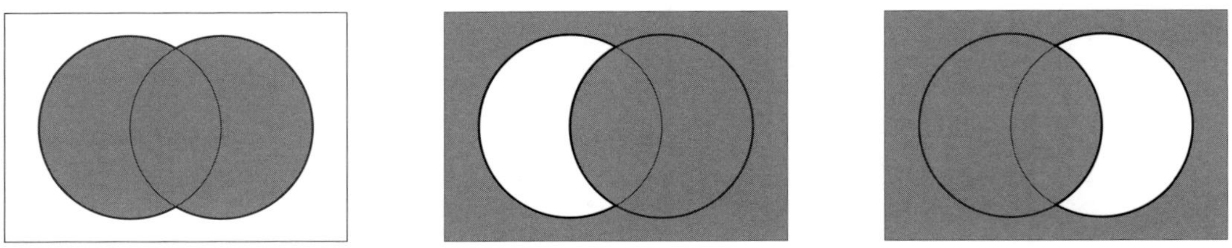

(a) $A \cup B$ = „A oder B". $P(A \cup B) = P(A) + P(B) - P(A \cap B) = \frac{3}{4}$

(b) $\overline{A} \cup B$ = „nicht A oder B". $P(\overline{A} \cup B) = 1 - P(A) + P(A \cap B) = \frac{7}{12}$

(c) $A \cup \overline{B}$ = „nicht B oder A". $P(A \cup \overline{B}) = 1 - P(B) + P(A \cap B) = \frac{3}{4}$

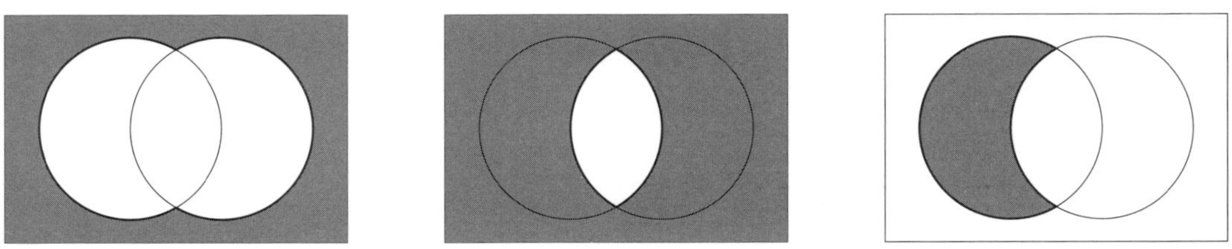

(d) $\overline{A} \cap \overline{B}$ = „weder A noch B". $P(\overline{A} \cap \overline{B}) = 1 - P(A \cup B) = \frac{1}{4}$

(e) $\overline{A} \cup \overline{B}$ = „nicht A oder nicht B". $P(\overline{A} \cup \overline{B}) = 1 - P(A \cap B) = \frac{11}{12}$

(f) $A \setminus B$ = „A, aber nicht B". $P(A \setminus B) = P(A) - P(A \cap B) = \frac{5}{12}$

Abb. 5.17: Mengendiagramme zu Aufgabe 68

69. Wir betrachten die Ereignisse A = „Der Autofahrer steht an der ersten Ampel." und B = „Der Autofahrer steht an der zweiten Ampel."

(a) $\overline{A \cup B}$ = „Der Autofahrer steht an keiner Ampel.". $P(\overline{A \cup B}) = 1 - P(A \cup B) = 1 - 0{,}8 = 0{,}2$.

(b) $A \cap B$ = „Der Autofahrer steht an beiden Ampeln." $P(A \cap B) = P(A) + P(B) - P(A \cup B) = 0{,}5 + 0{,}4 - 0{,}8 = 0{,}1$.

(c) $(A \cup B) \setminus (A \cap B)$ = „Der Autofahrer steht an genau einer Ampel."
$P((A \cup B) \setminus (A \cap B)) = P(A \cup B) - P(A \cap B) = 0{,}8 - 0{,}1 = 0{,}7$.

70. (a) Richtig, da jede Teilmenge genau einmal enthalten ist und die Menge $A \cup B$ komplett ausgefüllt ist.

(b) Richtig, da jede Teilmenge genau einmal enthalten ist und die Menge $A \cup B$ komplett ausgefüllt ist.

(c) Richtig, da jede Teilmenge genau einmal enthalten ist und die Menge $A \cup B$ komplett ausgefüllt ist.

(d) Falsch, da z.B. die Teilmenge $A \setminus B$ nicht berücksichtigt wurde.

71. (a) Mengendiagramme siehe Abb. 5.18a. Die Mengen sind gleich („*erstes Gesetz von de Morgan*“).

(b) Mengendiagramme siehe Abb. 5.18b. Die Mengen sind gleich („*zweites Gesetz von de Morgan*)“.

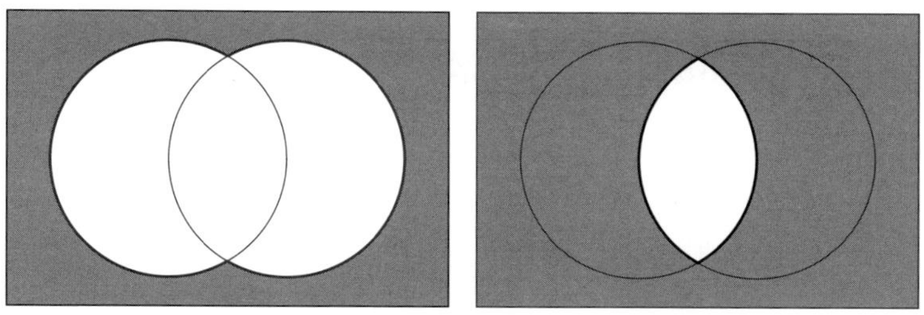

(a) $\overline{A \cup B} = \overline{A} \cap \overline{B}$ (b) $\overline{A \cap B} = \overline{A} \cup \overline{B}$

Abb. 5.18: Mengendiagramme zu Aufgabe 71

72. (a) $P(A \cap B)$ ist minimal, wenn A und B am wenigsten Elemente gemeinsam haben. Diese Eigenschaft gilt dann, wenn $P(A \cup B) = 1$ gilt. Dann erhalten wir $P(A \cap B) = P(A) + P(B) - P(A \cup B) \geq P(A) + P(B) - 1 = \frac{3}{10}$. $P(A \cap B)$ ist maximal, wenn B komplett in A enthalten ist. $P(A \cap B) \leq \min\{P(A), P(B)\} = \frac{1}{2}$.

(b) $P(A \cup B)$ ist minimal, wenn B komplett in A enthalten ist: $P(A \cup B) \geq \max\{P(A), P(B)\} = \frac{4}{5}$. $P(A \cup B)$ ist maximal, wenn $P(A \cap B)$ minimal ist: $P(A \cup B) \leq \min\{P(A) + P(B), 1\} = 1$. Also $\frac{4}{5} \leq P(A \cup B) \leq 1$.

73. Wir bezeichnen die Anzahl blauer Kugeln mit x, die Anzahl grüner Kugeln mit y und die Anzahl blaugrüner Kugeln mit z. Es gilt: $P(\text{Kugel enthält grün}) = 1 - P(\text{blaue Kugel}) = 1 - \frac{x}{20} = \frac{2}{5} \Rightarrow x = 12$. Außerdem $P(\text{grüne Kugel}) = P(\text{Kugel einfarbig}) - P(\text{blaue Kugel}) = \frac{3}{4} - \frac{12}{20} = \frac{y}{20} \Rightarrow y = 3$. Somit gilt $z = 20 - 12 - 3 = 5$.

74. (a) Würden wir die Wahrscheinlichkeiten der Ereignisse A, B und C addieren, so würden wir gewisse Teilmengen mehrfach berücksichtigen (Abb. 5.19a). Also ziehen wir die Wahrscheinlichkeiten der Schnittmengen $A \cap B$, $A \cap C$ und $B \cap C$ wieder ab (Abb. 5.19b). Nun haben wir wiederum eine Teilmenge zu viel abgezogen, also müssen wir noch die Wahrscheinlichkeit des Ereignisses $A \cap B \cap C$ addieren und erhalten die gewünschte Formel (Abb. 5.19c).

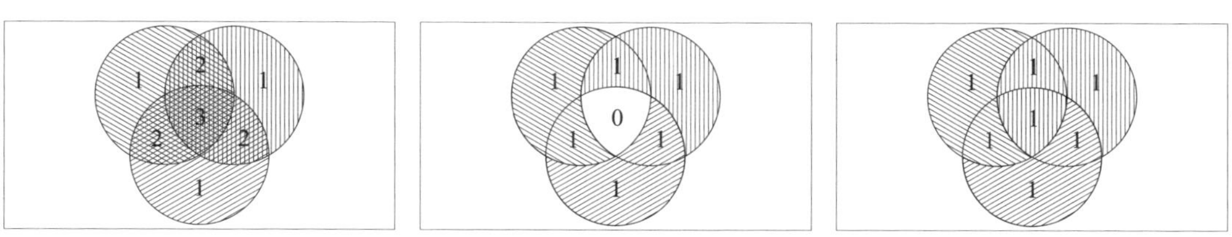

(a) $P(A) + P(B) + P(C)$ (b) $P(A) + P(B) + P(C) - P(A \cap B) - P(A \cap C) - P(B \cap C)$ (c) $P(A) + P(B) + P(C) - P(A \cap B) - P(A \cap C) - P(B \cap C) + P(A \cap B \cap C)$

Abb. 5.19: Graphische Erläuterung der Siebformel

(b) Wir nennen die Ereignisse A = „Zahl durch 3 teilbar“, B = „Zahl durch 5 teilbar“ und C = „Zahl durch 7 teilbar“. Dann ist $A \cap B$ = „Zahl durch 15 teilbar“, $A \cap C$ = „Zahl durch 21 teilbar“, $B \cap C$ = „Zahl durch 35 teilbar“ und $A \cap B \cap C$ = „Zahl durch 105 teilbar“. Mit Hilfe der Siebformel erhalten wir den Zusammenhang

$$P(A \cup B \cup C) = P(A) + P(B) + P(C) - P(A \cap B) - P(A \cap C) - P(B \cap C) + P(A \cap B \cap C).$$

Mit der Abrundungsklammer $\lfloor \cdot \rfloor$ erhalten wir $P(A) = 10^{-4} \cdot \lfloor \frac{10\,000}{3} \rfloor = 0{,}3333$, $P(B) = 10^{-4} \cdot \lfloor \frac{10\,000}{5} \rfloor = 0{,}2$, $P(C) = 10^{-4} \cdot \lfloor \frac{10\,000}{7} \rfloor = 0{,}1428$, $P(A \cap B) = 10^{-4} \cdot \lfloor \frac{10\,000}{15} \rfloor = 0{,}0666$, $P(A \cap C) = 10^{-4} \cdot \lfloor \frac{10\,000}{21} \rfloor = 0{,}0476$, $P(B \cap C) = 10^{-4} \cdot \lfloor \frac{10\,000}{35} \rfloor = 0{,}0285$, $P(A \cap B \cap C) = 10^{-4} \cdot \lfloor \frac{10\,000}{105} \rfloor = 0{,}0095$ und somit $P(A \cup B \cup C) = 0{,}5429$.

Bedingte Wahrscheinlichkeiten (S. 34 – 37)

Lösungen

75.

$$P_B(A) = \frac{P(A \cap B)}{P(B)} = \frac{\frac{3}{10}}{\frac{1}{2}} = \frac{3}{5}, \quad P_A(B) = \frac{P(B \cap A)}{P(A)} = \frac{\frac{3}{10}}{\frac{2}{5}} = \frac{3}{4}.$$

76. Wir definieren die Ereignisse C = „es fällt ein Pasch“, A = „es fallen nur gerade Zahlen“ und B = „Augensumme mindestens 10“.

(a) $|\Omega| = 6^2 = 36$, $|A| = 3^2 = 9$, $|C| = 6$, $P(A) = \frac{1}{4}$, $P(C) = \frac{1}{6}$, $A \cap C = \{22, 44, 66\}$, $P(A \cap C) = \frac{1}{12}$, $P_A(C) = \frac{P(C \cap A)}{P(A)} = \frac{1}{3}$.

(b) $|B| = 6$, $P(B) = \frac{1}{6}$, $B \cap C = \{55, 66\}$, $P(B \cap C) = \frac{1}{18}$, $P_B(C) = \frac{P(C \cap B)}{P(B)} = \frac{1}{3}$.

77. Baumdiagramm siehe Abb. 5.20a. Wir definieren die beiden Ereignisse A = „zweite Kugel schwarz“ und B = „erste Kugel schwarz“. Wir berechnen:

(a) $P(A) = \frac{2}{6} \cdot \frac{1}{5} + \frac{4}{6} \cdot \frac{2}{5} = \frac{1}{3}$

(b) $P_B(A) = \frac{P(A \cap B)}{P(B)} = \frac{\frac{2}{6} \cdot \frac{1}{5}}{\frac{2}{6}} = \frac{1}{5}$

78. Baumdiagramm siehe Abb. 5.20b.

(a) Es gibt 20 Kugeln. Davon sind 11 weiß: $P(\text{weiß}) = \frac{11}{20}$

(b) Es gibt 20 Kugeln. Davon sind 9 schwarz: $P(\text{schwarz}) = \frac{9}{20}$

(c) Es gibt 20 Kugeln. In Urne U_1 liegen 10 Kugeln: $P(\text{Kugel aus } U_1) = \frac{1}{2}$

(d) Es ist bekannt, dass die Kugel aus U_1 gezogen wurde (bedingte Wahrscheinlichkeit). In Urne U_1 liegen 10 Kugeln. Davon sind 7 weiß: $P_{\text{aus } U_1}(\text{weiß}) = \frac{7}{10}$

(e) Es ist bekannt, dass eine weiße Kugel gezogen wurde (bedingte Wahrscheinlichkeit). Es gibt 11 weiße Kugeln. Davon sind 7 aus Urne U_1: $P_{\text{weiß}}(\text{aus } U_1) = \frac{7}{11}$

(f) Es ist bekannt, dass eine schwarze Kugel gezogen wurde (bedingte Wahrscheinlichkeit). Es gibt 9 schwarze Kugeln. Davon sind 6 aus Urne U_2: $P_{\text{schwarz}}(\text{aus } U_2) = \frac{2}{3}$

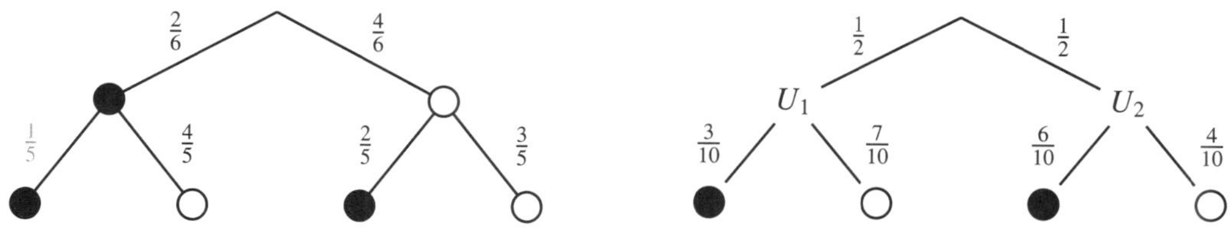

(a) Baumdiagramm zu Aufgabe 77

(b) Baumdiagramm zu Aufgabe 78

Abb. 5.20: Schaubilder

79. (a) Absolute Wahrscheinlichkeit. Schlagwort „und“ (wegen $\cap$). „Das T-Shirt stammt aus Vietnam und hat einen Makel“. $P(A \cap B) = \frac{3}{5} \cdot 0{,}1 = \frac{3}{50} = 0{,}06$.

(b) Bedingung: „Das T-Shirt hat einen Makel.“ $\Rightarrow$ „Das T-Shirt mit Makel stammt aus Vietnam.“

$$P_B(A) = \frac{0{,}06}{\frac{3}{5} \cdot 0{,}1 + \frac{2}{5} \cdot 0{,}05} = \frac{3}{4}$$

(c) Bedingung: „Das T-Shirt stammt aus Vietnam.“ $\Rightarrow$ „Das aus Vietnam stammende T-Shirt hat einen Makel.“

$$P_A(B) = \frac{0{,}06}{\frac{3}{5}} = \frac{1}{10}$$

(d) Bedingung: „Das T-Shirt stammt aus Chile.“ $\Rightarrow$ „Das aus Chile stammende T-Shirt ist einwandfrei.“

$$P_{\overline{A}}(\overline{B}) = \frac{\frac{2}{5} \cdot 0{,}95}{\frac{2}{5}} = 0{,}95$$

80. Es gilt $P(\text{weiblich}) = 0{,}625$, $P(\text{männlich}) = 0{,}375$, $P_{\text{weiblich}}(\text{Mathe}) = \frac{1}{5}$, $P_{\text{männlich}}(\text{Mathe}) = \frac{1}{3}$.

(a) Mit dem Satz der totalen Wahrscheinlichkeit gilt:

$$\begin{aligned} P(\text{Mathe}) &= P(\text{weiblich}) \cdot P_{\text{weiblich}}(\text{Mathe}) + P(\text{männlich}) \cdot P_{\text{männlich}}(\text{Mathe}) \\ &= 0{,}625 \cdot \frac{1}{5} + 0{,}375 \cdot \frac{1}{3} = \frac{1}{4} \end{aligned}$$

(b) Wir berechnen:

$$\begin{aligned} P_{\text{Mathe}}(\text{weiblich}) &= \frac{P_{\text{weiblich}}(\text{Mathe}) \cdot P(\text{weiblich})}{P_{\text{weiblich}}(\text{Mathe}) \cdot P(\text{weiblich}) + P_{\text{männlich}}(\text{Mathe}) \cdot P(\text{männlich})} \\ &= \frac{\frac{1}{5} \cdot \frac{5}{8}}{\frac{1}{5} \cdot \frac{5}{8} + \frac{1}{3} \cdot \frac{3}{8}} = \frac{1}{2} \end{aligned}$$

81. Tim ist im Unrecht. Die Wahrscheinlichkeit, dass eine beliebige Person die Hausaufgabe gelöst hat, beträgt

$$\begin{aligned} P(\text{Hausaufgabe}) &= P_{\text{weiblich}}(\text{Hausaufgabe}) \cdot P(\text{weiblich}) + P_{\text{männlich}}(\text{Hausaufgabe}) \cdot P(\text{männlich}) \\ &= 0{,}6 \cdot 0{,}6 + 0{,}4 \cdot 0{,}4 = 0{,}52. \end{aligned}$$

Somit gilt $P_{\text{Hausaufgabe}}(\text{weiblich}) = \frac{P(\text{weiblich} \cap \text{Hausaufgabe})}{P(\text{Hausaufgabe})} = \frac{0{,}6 \cdot 0{,}6}{0{,}52} = \frac{9}{13} = 0{,}692.$

82. Graphische Hilfsmittel für die Berechnung von bedingten Wahrscheinlichkeiten sind das Baumdiagramm und/oder eine Vierfeldertafel.

Baumdiagramm

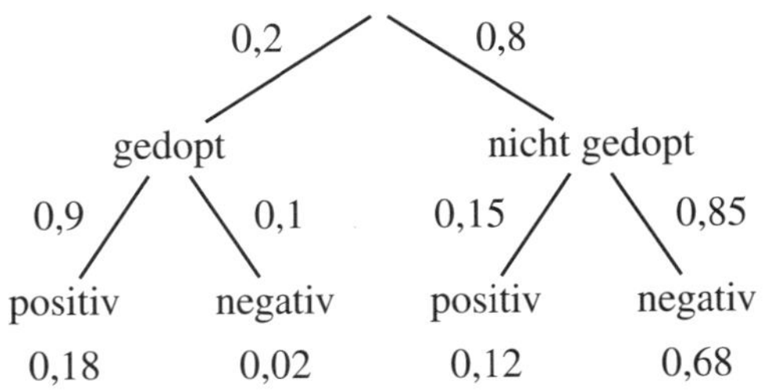

Vierfeldertafel

	positiv	negativ	
gedopt	0,18	0,02	0,2
nicht gedopt	0,12	0,68	0,8
	0,3	0,7	1

Wir schreiben A: „Sportler ist gedopt" und B: „Test ist positiv".

(a) Das Schlüsselwort und (vgl. ∩) in der Aufgabenstellung verrät, dass es sich um eine absolute Wahrscheinlichkeit handelt:

$$\mathrm{P}(\mathrm{A} \cap \mathrm{B}) = \mathrm{P}(\text{gedopt} \cap \text{positiv}) = 0{,}2 \cdot 0{,}9 = 0{,}18$$

(b) Bedingung: „Der Sportler ist positiv getestet". Gesucht: „Mit welcher Wahrscheinlichkeit hat er gedopt?"

$$\mathrm{P_B}(\mathrm{A}) = \mathrm{P}_{\text{positiv}}(\text{gedopt}) = \frac{\mathrm{P}(\text{gedopt} \cap \text{positiv})}{\mathrm{P}(\text{positiv})} = \frac{0{,}2 \cdot 0{,}9}{0{,}2 \cdot 0{,}9 + 0{,}8 \cdot 0{,}15} = \frac{0{,}18}{0{,}3} = 0{,}6$$

(c) Je größer x ist, desto größer ist der Anteil gedopter Sportler und desto größer auch der Anteil der Sportler, die tatsächlich gedopt haben, wenn sie positiv getestet wurden. Dieser Anteil strebt gegen 1. Strebt x gegen 0, dann werden hauptsächlich saubere Sportler untersucht. Der Anteil sauberer Patienten, die positiv getestet werden, steigt und der Anteil wirklich gedopter Patienten, die positiv getestet werden, strebt gegen 0. Ihr Anteil liegt z.B. für $x = 0{,}01$ nur bei $p(0{,}01) = 0{,}057 = 5{,}7\,\%$.

83. Wir bezeichnen die Anzahl an Gewinnen, die zu Beginn im Lostopf liegen, mit n. Die Anzahl an Nieten beträgt somit $4n$. Nachdem eine Niete gezogen wurde, liegt die Wahrscheinlichkeit, als nächstes einen Gewinn zu ziehen, bei $\frac{n}{5n-1}$. Dieser Wert ist gleich $\frac{3}{14}$. Auflösen der Gleichung nach n ergibt $n = 3$. Somit lagen zu Beginn 15 Lose im Lostopf.

84. (a) Ja, der Zusammenhang gilt. Denn

$$\mathrm{P_B}(\mathrm{A}) + \mathrm{P_B}(\overline{\mathrm{A}}) = \frac{\mathrm{P}(\mathrm{A} \cap \mathrm{B})}{\mathrm{P}(\mathrm{B})} + \frac{\mathrm{P}(\overline{\mathrm{A}} \cap \mathrm{B})}{\mathrm{P}(\mathrm{B})} = \frac{\mathrm{P}(\mathrm{B})}{\mathrm{P}(\mathrm{B})} = 1,$$

da $\mathrm{A} \cap \mathrm{B}$ und $\overline{\mathrm{A}} \cap \mathrm{B}$ keine gemeinsamen Elemente haben und $(\mathrm{A} \cap \mathrm{B}) \cup (\overline{\mathrm{A}} \cap \mathrm{B}) = \mathrm{B}$.

(b) Nein, der Zusammenhang gilt nicht. Als Gegenbeispiel erstellen wir eine Urne mit zwei weißen und einer schwarzen Kugel und ziehen zwei Kugeln ohne Zurücklegen. Dabei definieren wir die beiden Ereignisse A = „genau einmal weiß" und B = „im ersten Zug weiß". Dann gilt $\mathrm{P}(\mathrm{B}) = \frac{2}{3}$, $\mathrm{P}(\overline{\mathrm{B}}) = \frac{1}{3}$, $\mathrm{P}(\mathrm{A} \cap \mathrm{B}) = \frac{1}{3}$, $\mathrm{P}(\mathrm{A} \cap \overline{\mathrm{B}}) = \frac{1}{3}$ und somit

$$\mathrm{P_B}(\mathrm{A}) + \mathrm{P}_{\overline{\mathrm{B}}}(\mathrm{A}) = \frac{\mathrm{P}(\mathrm{A} \cap \mathrm{B})}{\mathrm{P}(\mathrm{B})} + \frac{\mathrm{P}(\mathrm{A} \cap \overline{\mathrm{B}})}{\mathrm{P}(\overline{\mathrm{B}})} = \frac{\frac{1}{3}}{\frac{2}{3}} + \frac{\frac{1}{3}}{\frac{1}{3}} = \frac{3}{2} \neq 1.$$

85. (a)

$$\frac{P(A)\cdot P_A(B)}{P(B)} = \frac{P(A)\cdot P(B\cap A)}{P(B)\cdot P(A)} = \frac{P(A\cap B)}{P(B)} = P_B(A)$$

(b) Mit Hilfe der Definition für die bedingte Wahrscheinlichkeit sowie dem Satz der totalen Wahrscheinlichkeit erhalten wir

$$P_A(B) = \frac{P(B\cap A)}{P(A)} = \frac{P(A\cap B)}{P(A)} = \frac{P_B(A)\cdot P(B)}{P_B(A)\cdot P(B) + P_{\overline{B}}(A)\cdot P(\overline{B})}.$$

(c) Mit den Ereignissen A = „Lehrkraft unterrichtet Mathematik“ sowie B = „Lehrkraft ist weiblich“ und $\overline{B}$ = „Lehrkraft ist männlich“ sind die Kriterien des Satzes von Bayes erfüllt. Die Wahrscheinlichkeiten P(B), $P(\overline{B})$, $P(A\cap B)$, $P(A\cap \overline{B})$ sind alle bekannt. Somit lässt sich die Wahrscheinlichkeit $P_A(B)$ berechnen.

86. (a) Die Antwort ist 4. Angenommen, in der Kiste liegen m weiße und n gelbe Bälle. Dann liegt die Wahrscheinlichkeit, im ersten Zug einen weißen Ball zu ziehen, bei $\frac{m}{n+m}$. Die Wahrscheinlichkeit, dann auch im zweiten Zug einen weißen Ball zu ziehen, liegt bei $\frac{m-1}{n+m-1}$. Also liegt die Wahrscheinlichkeit, zwei weiße Bälle zu ziehen, bei

$$\frac{m}{n+m}\cdot\frac{m-1}{n+m-1} = \frac{1}{2} \qquad (\star)$$

Für $n = 1$ erhalten wir die Lösung $m = 3$.

(b) Die Antwort ist 21. Da $n > 0$, können wir leicht zeigen, dass $\frac{m}{n+m} > \frac{m-1}{n+m-1}$. Daher muss auch die Ungleichung

$$\left(\frac{m}{n+m}\right)^2 > \frac{1}{2} > \left(\frac{m-1}{n+m-1}\right)^2,$$

bzw. $(\sqrt{2}+1)n < m < (\sqrt{2}+1)n + 1$ gelten. Da wir wissen, dass n gerade sein muss, erhalten wir für $n = 2, 4, 6$ die Zahlen $m = 5, 10, 15$. Doch nur für den Fall $n = 6$, $m = 15$ ist die Gleichung $(\star)$ erfüllt.

Unabhängige Ereignisse (S. 38 – 40)

87. (a) $P(A\cap B) = \frac{1}{18} = \frac{1}{3}\cdot\frac{1}{6} = P(A)\cdot P(B)$. Die Ereignisse A und B sind unabhängig.

(b) mit Zurücklegen: $P(A) = \frac{3}{5}$, $P(B) = \frac{3}{5}$, $P(A\cap B) = \frac{9}{25}$.
Es gilt $P(A)\cdot P(B) = \frac{3}{5}\cdot\frac{3}{5} = \frac{9}{25} = P(A\cap B)$. Die Ereignisse A und B sind unabhängig. Baumdiagramm siehe Abb. 5.21a.

(c) ohne Zurücklegen: $P(A) = \frac{3}{5}$, $P(B) = \frac{3}{5}\cdot\frac{2}{4} + \frac{2}{5}\cdot\frac{3}{4} = \frac{3}{5}$, $P(A\cap B) = \frac{3}{5}\cdot\frac{2}{4} = \frac{3}{10}$.
Es gilt $P(A)\cdot P(B) = \frac{3}{5}\cdot\frac{3}{5} = \frac{9}{25} \neq \frac{3}{10} = P(A\cap B)$. Die Ereignisse A und B sind abhängig. Baumdiagramm siehe Abb. 5.21b.

(d) mit Zurücklegen: $P(A) = \frac{3}{5}$, $P(B) = \frac{3}{5}\cdot\frac{3}{5} + \frac{2}{5}\cdot\frac{2}{5} = \frac{13}{25}$, $P(A\cap B) = \frac{3}{5}\cdot\frac{3}{5} = \frac{9}{25}$.
Es gilt $P(A)\cdot P(B) = \frac{3}{5}\cdot\frac{13}{25} = \frac{39}{125} \neq \frac{9}{25} = P(A\cap B)$. Die Ereignisse A und B sind abhängig.

(e) Wir berechnen $P(A) = \left(\frac{1}{2}\right)^9$, $P(B) = \frac{1}{2}$, $P(A\cap B) = \left(\frac{1}{2}\right)^{10} = \left(\frac{1}{2}\right)^9\cdot\frac{1}{2} = P(A)\cdot P(B)$. Die Ereignisse A und B sind unabhängig.

(f) $P(A\cap B) = \frac{1}{52} = \frac{13}{52}\cdot\frac{4}{52} = P(A)\cdot P(B)$. Die Ereignisse A und B sind unabhängig.

(a) mit Zurücklegen (b) ohne Zurücklegen

Abb. 5.21: Baumdiagramme zu Aufgabe 87

88. Wir berechnen $P(A) = \frac{30}{120} = \frac{1}{4}$, $P(B) = \frac{24}{120} = \frac{1}{5}$ bzw. $P(C) = \frac{20}{120} = \frac{1}{6}$.
Es gilt $P(A \cap B) = \frac{6}{120} = \frac{1}{20} = \frac{1}{4} \cdot \frac{1}{5} = P(A) \cdot P(B) \Rightarrow$ unabhängig.
$P(A \cap C) = \frac{10}{120} = \frac{1}{12} \neq \frac{1}{24} = \frac{1}{4} \cdot \frac{1}{6} = P(A) \cdot P(C) \Rightarrow$ abhängig.
$P(B \cap C) = \frac{4}{120} = \frac{1}{30} = \frac{1}{5} \cdot \frac{1}{6} = P(B) \cdot P(C) \Rightarrow$ unabhängig.

89. (a) A: „Die Person hat eine Tablette erhalten."
B: „Die Schmerzen sind verschwunden."
$A \cap B$: „Die Person hat eine Tablette erhalten und die Schmerzen sind verschwunden."
A unter Bedingung B: „Die Person, deren Schmerzen verschwunden sind, hatte eine Tablette erhalten."
B unter Bedingung A: „Die Schmerzen der Person, die eine Tablette erhalten hat, sind verschwunden."
A unter Bedingung $\overline{B}$: „Die Person, deren Schmerzen nicht verschwunden sind, hatte eine Tablette erhalten."
B unter Bedingung $\overline{A}$: „Die Schmerzen der Person, die keine Tablette erhalten hat, sind verschwunden."
$\overline{A}$ unter Bedingung $\overline{B}$: „Die Person, deren Schmerzen noch da sind, hatte zuvor keine Tablette erhalten."
Wir berechnen:

(i) $P(A) = \frac{300}{500} = 0{,}6$
(ii) $P(B) = \frac{280}{500} = 0{,}56$
(iii) $P(A \cap B) = \frac{267}{500} = 0{,}534$
(iv) $P_B(A) = \frac{267}{280} = 0{,}954$
(v) $P_A(B) = \frac{267}{300} = 0{,}89$
(vi) $P_{\overline{B}}(A) = \frac{33}{220} = 0{,}15$
(vii) $P_{\overline{A}}(B) = \frac{13}{200} = 0{,}065$
(viii) $P_{\overline{B}}(\overline{A}) = \frac{187}{220} = 0{,}85$

(b) $P(A \cap B) = \frac{267}{500} \neq \frac{42}{125} = P(A) \cdot P(B)$. Die Ereignisse sind abhängig.

(c) Eine Kopfschmerztablette reduziert die Schmerzen der Patienten nachweislich.

90. A und B: *abhängig.* Denn das Ereignis A hat einen Einfluss das Ereignis D (die Summe 7 kann nur dann nicht mehr erreicht werden, wenn A eintritt).
A und C: *abhängig.* Denn das Ereignis A hat einen Einfluss auf das Ereignis C (wenn A eintritt, fehlen nur noch zwei gerade Zahlen).
A und D: *unabhängig.* Denn der zweite Dreh steht mit dem ersten in keinem Zusammenhang.
A und E: *abhängig.* Denn das Ereignis A hat einen Einfluss auf das Ereignis E (es bleiben nur noch zwei Versuche übrig, eine 1 zu drehen).
A und F: *unabhängig.* Denn das Ereignis A schränkt die Möglichkeiten im zweiten und dritten Dreh im gleichen Maße ein, wie das bei einem anderen ersten Dreh der Fall wäre.
A und G: *unabhängig.* Denn das Ereignis A schränkt die Möglichkeiten im zweiten und dritten Dreh im gleichen Maße ein, wie das bei einem anderen ersten Dreh der Fall wäre.

91. Wir berechnen $P(A \cap B) = \frac{1}{3} \cdot x$, $P(A) = \frac{1}{3}$ und $P(B) = \frac{1}{3} \cdot x + \frac{2}{3} \cdot \frac{3}{5} = \frac{1}{3} \cdot x + \frac{2}{5}$. Für die Unabhängigkeit muss $P(A \cap B) = P(A) \cdot P(B)$ gelten, also

$$\frac{1}{3} \cdot x = \frac{1}{3} \cdot \left(\frac{1}{3} \cdot x + \frac{2}{5}\right) \Rightarrow x = \frac{3}{5},$$

siehe Abb. 5.22.

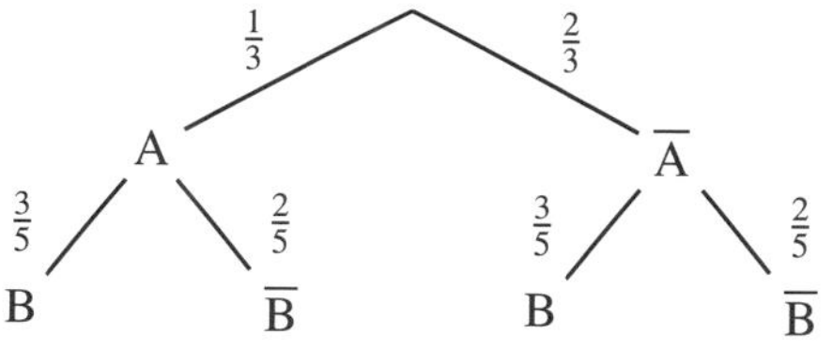

Abb. 5.22: Lösung zu Aufgabe 91

92. Durch einfache Rechnung erhalten wir $P(A) = \frac{1}{3}$ und $P(\overline{B}) = \frac{3}{4}$. Daraus berechnen wir mit der Unabhängigkeitsannahme $P(A \cap \overline{B}) = P(A) \cdot P(\overline{B}) = \frac{1}{3} \cdot \frac{3}{4} = \frac{1}{4}$. Diesen Wert übertragen wir auf die absolute Größe und erhalten eine Anzahl von $360 \cdot \frac{1}{4} = 90$. Der Rest ergibt sich durch Summation.

	B	$\overline{B}$	
A	30	90	120
$\overline{A}$	60	180	240
	90	270	360

93. Wir definieren die Ereignisse A = „Jonas trifft" und B = „Michael trifft".

(a) Für Jonas gilt: P(mindestens 1 Treffer) = 1 − P(kein Treffer) = $1 - 0{,}2^2 = 0{,}96$.
Für Michael gilt:

$$\text{P(mindestens 1 Treffer)} = \underbrace{0{,}9^2}_{\text{2 Treffer}} + \underbrace{0{,}9 \cdot 0{,}1 + 0{,}1 \cdot 0{,}5}_{\text{1 Treffer}} = 0{,}95$$

Der Trainer sollte daher Jonas antreten lassen.

(b) Der Trainer sollte für den ersten Schuss Michael aufstellen. Trifft er, dann darf er nochmals schießen, ansonsten tritt Jonas an. So kann die Wahrscheinlichkeit auf den folgenden Wert gesteigert werden:

$$\text{P(mindestens 1 Treffer)} = \underbrace{0{,}9^2}_{\text{2 Treffer}} + \underbrace{0{,}9 \cdot 0{,}1 + 0{,}1 \cdot 0{,}8}_{\text{1 Treffer}} = 0{,}98$$

94. Wir definieren die Ereignisse A = „Tim hat Zeit" und B = „Sophie hat Zeit".

(a) Wir berechnen $P(A \cap B) = P(A) \cdot P(B) = 0{,}8 \cdot 0{,}4 = 0{,}32$.

(b) Es gilt $P_{\overline{A}}(\overline{B}) = 0{,}4$. Nun berechnen wir $P(\overline{A} \cap \overline{B}) = P(\overline{A}) \cdot P_{\overline{A}}(\overline{B}) = 0{,}2 \cdot 0{,}4 = 0{,}08$ sowie $P(A \cap \overline{B}) = P(\overline{B}) - P(\overline{A} \cap \overline{B}) = 0{,}6 - 0{,}08 = 0{,}52$ und schließlich $P(A \cap B) = P(A) - P(A \cap \overline{B}) = 0{,}8 - 0{,}52 = 0{,}28$.

95. Wir lösen die Aufgabe mit Hilfe von Schaubildern:

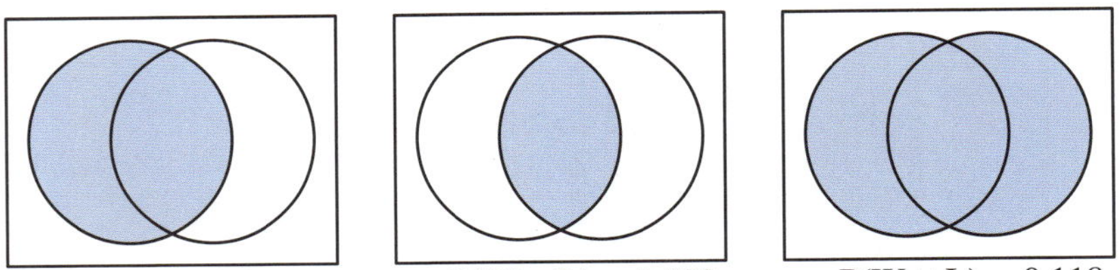

$P(W) = 0{,}1$ $\quad\Rightarrow P(W \cap L) = 0{,}002$ $\quad\Rightarrow P(W \cup L) = 0{,}118$

$$\begin{aligned}
\text{Additionssatz:}\quad P(W \cup L) &= P(W) + P(L) - P(W \cap L)\\
0{,}118 &= 0{,}1 + P(L) - 0{,}002\\
P(L) &= 0{,}02\\
\text{Unabhängigkeit:}\quad P(W)\cdot P(L) &= 0{,}1 \cdot 0{,}02 = 0{,}002 = P(W \cap L)
\end{aligned}$$

Die Ereignisse W und L sind somit stochastisch unabhängig.

Wahrscheinlichkeitsfunktion (S. 42 – 44)

96. (a) $P(X = 2) = 0{,}15$

(b) $P(X \geq 7) = 0{,}05 + 0{,}05 = 0{,}1$

(c) $P(3 \leq X \leq 5) = 0{,}25 + 0{,}2 + 0{,}15 = 0{,}6$

(d) $P(X < 4) = 0{,}1 + 0{,}15 + 0{,}25 = 0{,}5$

(e) $P(X \neq 5) = 1 - 0{,}15 = 0{,}85$

(f) $P(X \geq -1) = 1$

97. Wahrscheinlichkeitsfunktion und Stabdiagramm siehe Abb. 5.23.

k	'A'	'B'	'C'	'D'
Winkel	120°	90°	90°	60°
$P(X = k)$	$\frac{1}{3}$	$\frac{1}{4}$	$\frac{1}{4}$	$\frac{1}{6}$

(a) Wahrscheinlichkeitsfunktion

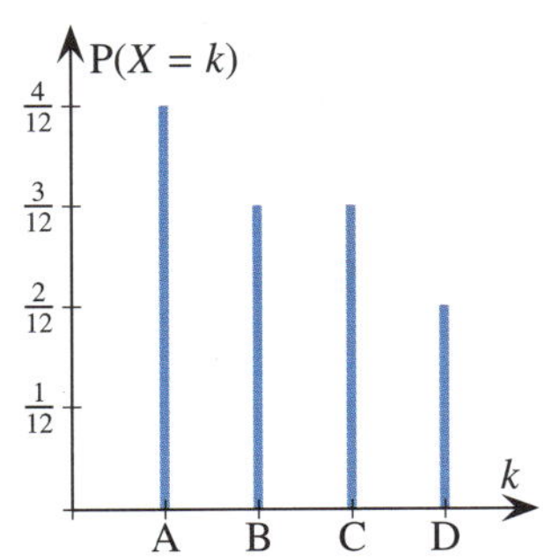

(b) Stabdiagramm

Abb. 5.23: Schaubilder zu Aufgabe 97

98. (a) Falsch, denn $P(X = \text{'A'}) \approx 7\,\%$, $P(X = \text{'E'}) \approx 17\,\%$, $P(X = \text{'I'}) \approx 8\,\%$, $P(X = \text{'O'}) \approx 3\,\%$, $P(X = \text{'U'}) \approx 4\,\% \Rightarrow P(X \in \{\text{'A'}, \text{'E'}, \text{'I'}, \text{'O'}, \text{'U'}\}) \approx 39\,\%$.

(b) Falsch. $P(X = \text{'E'}) \approx 17\,\%$, $P(X = \text{'N'}) \approx 10\,\% \Rightarrow P(X \notin \{\text{'E'}, \text{'N'}\}) = 1 - P(X = \text{'E'}) - P(X = \text{'N'}) \approx 73\,\%$.

(c) Richtig. $P(X = \text{'R'}) \approx 7\,\%$, $P(X = \text{'D'}) \approx 5\,\% \Rightarrow P(X = \text{'R'}) > P(X = \text{'D'})$.

(d) Falsch. $P(X = \text{'B'}) \approx 2\,\% < \frac{1}{26}$. Es gilt: $\frac{1}{26} \approx 4\,\%$.

99. (a) Ja. Jede Wahrscheinlichkeit liegt zwischen 0 und 1. Die Summe der Wahrscheinlichkeiten beträgt 1.

(b) Nein. Die Summe aller Wahrscheinlichkeiten ist größer als 1.

(c) Nein. Die Summe aller Wahrscheinlichkeiten ist kleiner als 1.

(d) Nein. Die Summe aller Wahrscheinlichkeiten ist größer als 1.

100. (a) Baumdiagramm siehe Abb. 5.24a. Wahrscheinlichkeitsfunktion siehe Abb. 5.24b.

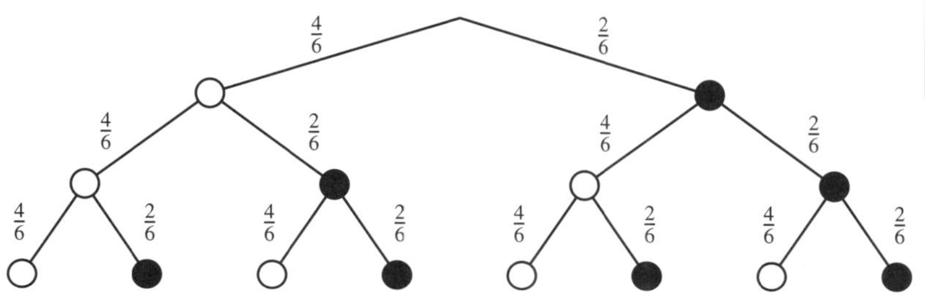

(a) Baumdiagramm

k	0	1	2	3
$P(X = k)$	$\frac{1}{27}$	$\frac{2}{9}$	$\frac{4}{9}$	$\frac{8}{27}$

(b) Tabelle

Abb. 5.24: Lösungen zu Aufgabe 100a — mit Zurücklegen

(b) Baumdiagramm siehe Abb. 5.25a. Wahrscheinlichkeitsfunktion siehe Abb. 5.25b.

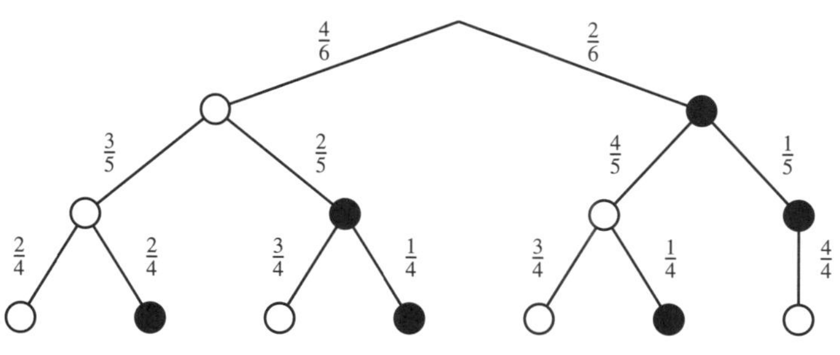

(a) Baumdiagramm

k	0	1	2	3
$P(X = k)$	0	$\frac{1}{5}$	$\frac{3}{5}$	$\frac{1}{5}$

(b) Tabelle

Abb. 5.25: Lösungen zu Aufgabe 100b — ohne Zurücklegen

101. (a) Wir können die Ergebnisse auf geschickte Weise zusammenfassen:

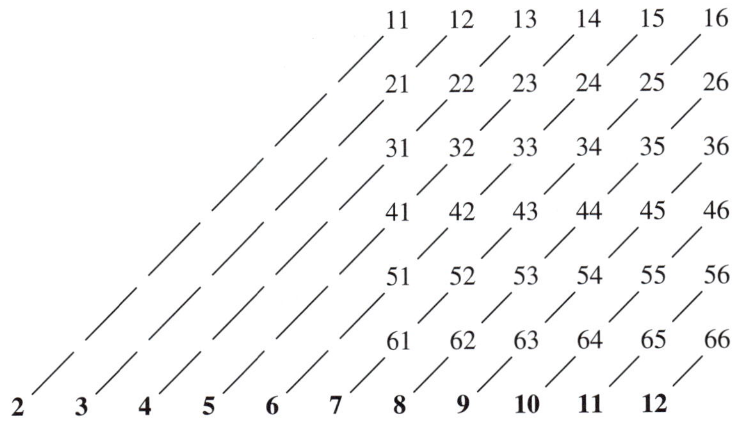

Dabei erhalten wir die folgende Tabelle und das dazugehörige Schaubild (Abb. 5.26a).

k	2	3	4	5	6	7	8	9	10	11	12
$P(X = k)$	$\frac{1}{36}$	$\frac{2}{36}$	$\frac{3}{36}$	$\frac{4}{36}$	$\frac{5}{36}$	$\frac{6}{36}$	$\frac{5}{36}$	$\frac{4}{36}$	$\frac{3}{36}$	$\frac{2}{36}$	$\frac{1}{36}$

(b) Es gilt $|\Omega| = 36$. Wir berechnen

$$P(X = 6) = P(\text{genau einmal } 6) + P(\text{genau zweimal } 6) = \frac{2 \cdot 5 + 1}{|\Omega|} = \frac{11}{36},$$

$$P(X = 5) = P(\text{genau einmal } 5, \text{ Rest kleiner}) + P(\text{genau zweimal } 5) = \frac{2 \cdot 4 + 1}{|\Omega|} = \frac{1}{4},$$

$$P(X = 4) = P(\text{genau einmal } 4, \text{ Rest kleiner}) + P(\text{genau zweimal } 4) = \frac{2 \cdot 3 + 1}{|\Omega|} = \frac{7}{36},$$

$$P(X = 3) = P(\text{genau einmal } 3, \text{ Rest kleiner}) + P(\text{genau zweimal } 3) = \frac{2 \cdot 2 + 1}{|\Omega|} = \frac{5}{36},$$

$$P(X = 2) = P(\text{genau einmal } 2, \text{ Rest kleiner}) + P(\text{genau zweimal } 2) = \frac{2 \cdot 1 + 1}{|\Omega|} = \frac{1}{12},$$

$$P(X = 1) = \frac{1}{36}$$

und erhalten das dazugehörige Schaubild (Abb. 5.26b).

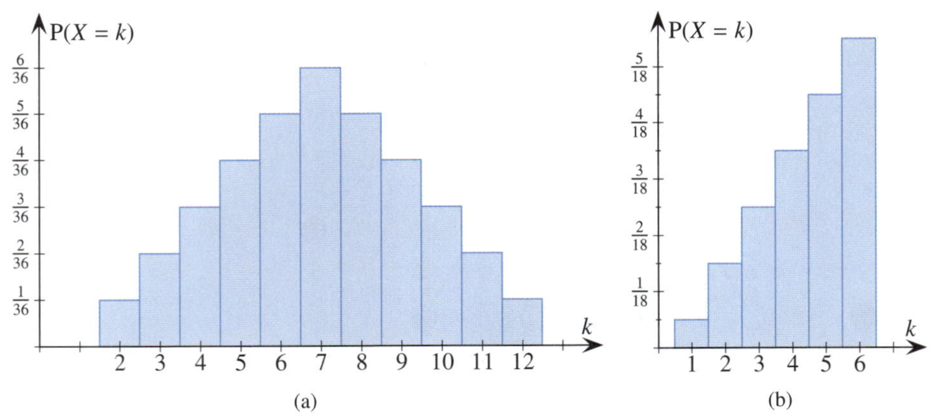

Abb. 5.26: Schaubilder zu Aufgabe 101

102. Es muss gelten: $P(X = 1) + P(X = 2) + P(X = 3) = \frac{1}{3}a + \frac{1}{9}a + \frac{1}{27}a = 1 \Rightarrow \frac{13}{27}a = 1 \Rightarrow a = \frac{27}{13}$.

103. (a) Jedes der 16 Pixel nimmt mit der Wahrscheinlichkeit $\frac{1}{2}$ eine bestimmte Farbe an. Also ist $\left(\frac{1}{2}\right)^{16}$ ein Bestandteil der Formel. Es gibt zudem genau $\binom{16}{k}$ Möglichkeiten, k schwarze Pixel auf 16 Kästchen zu verteilen. Somit gilt $P(X = k) = \binom{16}{k} \cdot \left(\frac{1}{2}\right)^{16}$.

(b) $P(7 \leq X \leq 9) = P(6 \leq X \leq 8) + P(X = 9) - P(X = 6)$. Es gilt $P(X = 9) > P(X = 6)$, da $\binom{16}{9} > \binom{16}{6}$. Also stimmt die Behauptung.

Verteilungsfunktion* (S. 45 – 46)

104. Um aus der Wahrscheinlichkeitsfunktion die Verteilungsfunktion zu erhalten, müssen wir Werte addieren, z.B. $P(X \leq 2) = P(X = 1) + P(X = 2) = \frac{1}{4} + \frac{1}{8} = \frac{3}{8}$. Um aus der Verteilungsfunktion die Wahrscheinlichkeitsfunktion zu erhalten, müssen wir Werte subtrahieren, z.B. $P(X = 0) = P(X \leq 0) - P(X \leq -2) = \frac{1}{4} - \frac{1}{12} = \frac{1}{6}$.

k	1	2	3	4
$P(X \leq k)$	$\frac{1}{4}$	$\frac{3}{8}$	$\frac{7}{8}$	1

(a) Verteilungsfunktion

k	−2	0	2	4
$P(X = k)$	$\frac{1}{12}$	$\frac{1}{6}$	$\frac{7}{12}$	$\frac{1}{6}$

(b) Wahrscheinlichkeitsfunktion

Abb. 5.27: Tabellen zu Aufgabe 104

105. Wir lesen die einzelnen Werte aus dem Schaubild der Verteilungsfunktion ab.

(a) $P(A) = P(X \leq 3) \approx 0{,}60$.

(b) $P(B) = P(X \geq 5) = 1 - P(X \leq 4) \approx 0{,}30$.

(c) $P(C) = P(X = 4) = P(X \leq 4) - P(X \leq 3) \approx 0{,}10$.

(d) $P(D) = P(X \leq 7) - P(X \leq 4) \approx 0{,}20$.

(e) $P(E) = P(X < 7) = P(X \leq 6) \approx 0{,}85$.

106. (a) Nein. Dies ist das Schaubild einer Wahrscheinlichkeitsfunktion.

(b) Nein. Das Schaubild ist nicht monoton steigend.

(c) Ja. Das Schaubild ist monoton steigend. Linker Grenzwert 0. Rechter Grenzwert 1.

(d) Nein. Der rechte Grenzwert beträgt 0,8 statt 1.

107. Es müssen genau drei Bedingungen gleichzeitig gelten.

$$\begin{aligned} \text{I}: &\quad \tfrac{1}{4} + a \in [0;\, 1] &\Rightarrow&\quad a \in [-\tfrac{1}{4};\, \tfrac{3}{4}] \\ \text{II}: &\quad \tfrac{1}{2} - a \in [0;\, 1] &\Rightarrow&\quad a \in [0;\, \tfrac{1}{2}] \\ \text{III}: &\quad \tfrac{1}{4} + a \leq \tfrac{1}{2} - a &\Rightarrow&\quad a \in [-\infty;\, \tfrac{1}{8}] \end{aligned}$$

Insgesamt erhalten wir also $a \in [0;\, \frac{1}{8}]$.

Lösungen

Erwartungswert (S. 47 – 49)

108. (a) $E(X) = 1 \cdot 0{,}4 + 2 \cdot 0{,}3 + 3 \cdot 0{,}2 + 4 \cdot 0{,}1 = 2$

(b) $E(X) = (-3) \cdot 0{,}35 + (-1) \cdot 0{,}05 + 1 \cdot 0{,}15 + 3 \cdot 0{,}45 = 0{,}4$

109. Für den Gewinn X gilt: $E(X) = 0 \cdot 0{,}99 + 100 \cdot 0{,}01 = 1$. Dies ist genau der Einsatz m des Spiels. Daher ist das Spiel fair.

110. Wir definieren die Zufallsgröße X = „erspielter Gewinn".

(a) $P(X = 8\,000) = \frac{1}{4}$, $P(X = 500) = \frac{3}{4}$, $E(X) = 2\,375 < 4\,000$. Der Spieler sollte aufhören.

(b) $P(X = 8\,000) = \frac{1}{3}$, $P(X = 500) = \frac{2}{3}$, $E(X) = 3\,000 < 4\,000$. Der Spieler sollte aufhören.

(c) $P(X = 8\,000) = \frac{1}{2}$, $P(X = 500) = \frac{1}{2}$, $E(X) = 4\,250 > 4\,000$.
Der Spieler sollte versuchen, die Antwort zu erraten.

111. (a) Beide Schaubilder sind symmetrisch zum Wert $k = 3$. Daher sind die Erwartungswerte gleich: $E(X) = E(Y)$

(b) Das Schaubild von X ist im Vergleich zum Schaubild von Y nach rechts verschoben. Daher gilt: $E(X) > E(Y)$

(c) Das Schaubild von X hat im Vergleich zum Schaubild von Y eine höhere Säule bei $k = 4$ und eine niedrigere bei $k = 1$. Somit gilt: $E(X) > E(Y)$

112. Wir berechnen:

$$E(X) = -1 \cdot \frac{1}{3} + 2 \cdot \frac{1}{12} + k_3 \cdot \frac{7}{12} = \frac{11}{4} \Rightarrow k_3 = 5$$

113. Es gilt $a + b + \frac{1}{4} = 1 \Rightarrow b = \frac{3}{4} - a$. Somit erhalten wir

$$E(X) = -4 \cdot P(X = -4) + 1 \cdot P(X = 1) + 3 \cdot P(X = 3) = -4 \cdot \frac{1}{4} + 1 \cdot a + 3 \cdot \left(\frac{3}{4} - a\right) = 0 \Rightarrow a = \frac{5}{8}.$$

Dann ist $b = \frac{3}{4} - \frac{5}{8} = \frac{1}{8}$.

114. (a) Für den Gewinn X erhalten wir die in Tab. 5.1 dargestellte Wahrscheinlichkeitsfunktion. Somit gilt $E(X) = 2{,}75$ €.

(b) Wir erhalten die in Tab. 5.2 dargestellte Wahrscheinlichkeitsfunktion. Somit gilt: $E(X) = \frac{55\,000}{n} = 2{,}5 \Rightarrow n = 22\,000$ Lose.

k	0	100	5 000	10 000
$P(X = k)$	$\frac{19\,794}{20\,000}$	$\frac{200}{20\,000}$	$\frac{5}{20\,000}$	$\frac{1}{20\,000}$

Tab. 5.1: 20 000 Lose

k	0	100	5 000	10 000
$P(X = k)$	$\frac{n-206}{n}$	$\frac{200}{n}$	$\frac{5}{n}$	$\frac{1}{n}$

Tab. 5.2: n Lose

115. Zunächst stellen wir mit Hilfe des Additionssatzes die folgenden Wahrscheinlichkeiten fest:
P(nur Bildschirm defekt) = 0,6, P(nur Kamera defekt) = 0,3, P(beides defekt) = 0,1.

(a) Wir berechnen $15 + 0{,}6 \cdot 50 + 0{,}3 \cdot 25 + 0{,}1 \cdot (50 + 25) = 60$. Für die Reparatur werden also Kosten von 60 € erwartet.

(b) Wie hoch dürfen die Kosten für die Reparatur eines kaputten Bildschirms maximal sein, damit die erwarteten Kosten höchstens 53 € betragen?

116. Bei der ersten Fahrt müsste Tim eine Strafe von 60 € bezahlen, bei der zweiten Fahrt eine Strafe von 100 €. Würde er bei beiden Fahrten erwischt werden, müsste er eine Strafe von 160 € bezahlen.

(a) Für den Erwartungswert $E(X)$ der Zufallsgröße X = „zu zahlende Strafe" gilt: $E(X) = 160 \cdot 0{,}6^2 + 60 \cdot 0{,}6 \cdot 0{,}4 + 100 \cdot 0{,}4 \cdot 0{,}6 = 96$ €. Diese Summe übersteigt den Ticketpreis von 10 + 50 €. Somit kann sich das Vorhaben nicht lohnen.

(b) Wir bezeichnen den Anteil an kontrollierten Fahrten mit x. Dann muss gelten:

$$E(X) = 160 \cdot x^2 + 60 \cdot x \cdot (1 - x) + 100 \cdot (1 - x) \cdot x = 60 \Rightarrow x = \frac{3}{8} = 0{,}375.$$

Der Anteil müsste mindestens 37,5 % betragen.

117. Tim hat Recht, da sich der Erwartungswert direkt aus der Wahrscheinlichkeitsfunktion berechnen lässt. Sophie ist im Unrecht. Es gibt z.B. viele Zufallsgrößen mit dem Erwartungswert 2. Ein Rückschluss auf die Wahrscheinlichkeitsfunktion ist nicht mehr möglich.

118. Es gilt $|\Omega| = 36$. Wir berechnen

$$\begin{aligned}
P(X = 1) &= P(\text{genau einmal } 1) + P(\text{genau zweimal } 1) = \frac{2 \cdot 5 + 1}{|\Omega|} = \frac{11}{36},\\
P(X = 2) &= P(\text{genau einmal 2, Rest größer}) + P(\text{genau zweimal } 2) = \frac{2 \cdot 4 + 1}{|\Omega|} = \frac{1}{4},\\
P(X = 3) &= P(\text{genau einmal 3, Rest größer}) + P(\text{genau zweimal } 3) = \frac{2 \cdot 3 + 1}{|\Omega|} = \frac{7}{36},\\
P(X = 4) &= P(\text{genau einmal 4, Rest größer}) + P(\text{genau zweimal } 4) = \frac{2 \cdot 2 + 1}{|\Omega|} = \frac{5}{36},\\
P(X = 5) &= P(\text{genau einmal 5, Rest größer}) + P(\text{genau zweimal } 5) = \frac{2 \cdot 1 + 1}{|\Omega|} = \frac{1}{12},\\
P(X = 6) &= \frac{1}{36}
\end{aligned}$$

und somit $E(X) = \frac{91}{36} = 2{,}528$.

119. (a) P(Augenzahlen gleich) $= \frac{6}{36}$. P(Differenz der Augenzahlen ist 4) $= \frac{4}{36}$. P(Kombi 16 bzw. 61) $= \frac{2}{36}$. Wir berechnen $E(X) = 3 \cdot \frac{6}{36} + 4 \cdot \frac{4}{36} + 8 \cdot \frac{2}{36} = \frac{25}{18}$. Somit hat ein Spieler den durchschnittlichen Verlust $E(X) - m = \frac{25}{18} - 1{,}5 = -\frac{1}{9}$.

(b) Für den Einsatz m müsste gelten: $m = E(X) = \frac{25}{18}$.

(c) *Möglichkeit 1*: Mit der Rechnung $3 \cdot \frac{6}{36} + 8 \cdot \frac{2}{36} + k \cdot \frac{4}{36} = 1{,}5 \Rightarrow k = 5$ müsste der Gewinn für eine Differenz von 4 der Augenzahlen dann 5 € betragen. Mit ähnlichen Rechnungen könnten wir auch andere Vorschläge machen, z.B. *Möglichkeit 2*: Gewinn für gleiche Augenzahlen: $\frac{11}{3}$ €. *Möglichkeit 3*: Gewinn für Kombination 16 bzw. 61: 10 €.

120. Tim: Die einzelnen Würfe sind unabhängig voneinander, daher gilt für den Gewinn bzw. Verlust X: $\mathrm{E}(X) = 1 \cdot \mathrm{P}(\text{Kopf}) - 1 \cdot \mathrm{P}(\text{Zahl}) = 1 \cdot \frac{1}{2} - 1 \cdot \frac{1}{2} = 0$.
Sophie: Es gilt

$$\begin{aligned}\mathrm{E}(X) &= 1 \cdot \mathrm{P}(\mathrm{K}) + 1 \cdot \mathrm{P}(\mathrm{ZK}) + \ldots + 1 \cdot \mathrm{P}(\mathrm{ZZZZZZZK}) - 255 \cdot \mathrm{P}(\mathrm{ZZZZZZZZ}) \\ &= 1 \cdot \left(\frac{1}{2}\right)^1 + 1 \cdot \left(\frac{1}{2}\right)^2 + \ldots + 1 \cdot \left(\frac{1}{2}\right)^8 - 255 \cdot \left(\frac{1}{2}\right)^8 = 0.\end{aligned}$$

Somit erzielen beide Strategien das gleiche Resultat.

121. Wir berechnen

$$\begin{aligned}\mathrm{E}(X) &= 3 \cdot \mathrm{P}(3 \times \text{schwarz}) + 2 \cdot \mathrm{P}(2 \times \text{schwarz}) + 1 \cdot \mathrm{P}(1 \times \text{schwarz}) + 0 \cdot \mathrm{P}(0 \times \text{schwarz}) \\ &= 3 \cdot \left(\tfrac{n-6}{n}\right)^3 + 2 \cdot 3 \cdot \left(\tfrac{n-6}{n}\right)^2 \cdot \left(\tfrac{6}{n}\right)^1 + 1 \cdot 3 \cdot \left(\tfrac{n-6}{n}\right)^1 \cdot \left(\tfrac{6}{n}\right)^2 + 0 \cdot \left(\tfrac{6}{n}\right)^3 \\ &= 3 - \tfrac{18}{n} = 0{,}75 \Rightarrow n = 8.\end{aligned}$$

Varianz und Standardabweichung (S. 50 – 52)

122. (a) Es gilt $\mathrm{E}(X) = 3$ sowie

$$\begin{aligned}\mathrm{var}(X) &= \mathrm{E}((X - \mathrm{E}(X))^2) = (1-3)^2 \cdot \mathrm{P}(X=1) + (2-3)^2 \cdot \mathrm{P}(X=2) + \ldots + (5-3)^2 \cdot \mathrm{P}(X=5) \\ &= 4 \cdot 0{,}1 + 1 \cdot 0{,}15 + \ldots + 4 \cdot 0{,}05 = 1, \\ \sigma(X) &= \sqrt{\mathrm{var}(X)} = \sqrt{1} = 1.\end{aligned}$$

(b) Es gilt $\mathrm{E}(X) = 2$ sowie

$$\begin{aligned}\mathrm{var}(X) &= \mathrm{E}((X - \mathrm{E}(X))^2) = (0-2)^2 \cdot \mathrm{P}(X=0) + (1-2)^2 \cdot \mathrm{P}(X=1) + \ldots + (4-2)^2 \cdot \mathrm{P}(X=4) \\ &= 4 \cdot 0{,}25 + 1 \cdot 0{,}1 + \ldots + 4 \cdot 0{,}275 = 2{,}25, \\ \sigma(X) &= \sqrt{\mathrm{var}(X)} = \sqrt{2{,}25} = 1{,}5.\end{aligned}$$

123. (a) $\mathrm{E}(X) = 0$, $\mathrm{var}(X) = 1$, $\sigma(X) = 1$ (b) $\mathrm{E}(X) = 0$, $\mathrm{var}(X) = 10\,000$, $\sigma(X) = 100$

124. Wir berechnen $\mathrm{var}(X) = (\sigma(X))^2 = \frac{9}{4}$, $\mathrm{E}(X) = 1 \cdot \frac{1}{2} + 0 \cdot \frac{1}{4} + a \cdot \frac{1}{4} = \frac{1}{2} + \frac{1}{4}a$ und erhalten

$$\begin{aligned}\mathrm{var}(X) &= \left(1 - \left(\frac{1}{2} + \frac{1}{4}a\right)\right)^2 \cdot \frac{1}{2} + \left(0 - \left(\frac{1}{2} + \frac{1}{4}a\right)\right)^2 \cdot \frac{1}{4} + \left(a - \left(\frac{1}{2} + \frac{1}{4}a\right)\right)^2 \cdot \frac{1}{4} \\ &= \ldots = \frac{1}{4} - \frac{3}{8}a + \frac{3}{16}a^2 = \frac{9}{4} \Rightarrow a_1 = -\frac{8}{3} \text{ bzw. } a_2 = 4.\end{aligned}$$

125. (a) Sei X = „Kosten zur Behebung der Fehler eines Autos“. Dann gilt

k	0	400	2 000	2 400
$\mathrm{P}(X = k)$	0,75	0,2	0,04	0,01

Wir berechnen $\mathrm{E}(X) = 184$ €, $\mathrm{var}(X) = 215\,744$, $\sigma(X) = 464{,}48$ €.

(b) Sei X = „Kosten zur Behebung der Fehler eines fehlerhaften Autos". Der Wert $k = 0$ fällt dann weg. Die Wahrscheinlichkeiten für die übrigen Werte werden dann mit einer festen Zahl multipliziert (hier: 4), sodass sie in der Summe wieder 1 ergeben. Alternativ lassen sie sich über bedingte Wahrscheinlichkeiten berechnen. Es gilt P(Auto ist fehlerhaft) = 0,2 + 0,04 + 0,01 = 0,25. Somit berechnen wir z.B. $P_{\text{Auto ist fehlerhaft}}(X = 400) = \frac{0{,}2}{0{,}25} = 0{,}8$. Insgesamt erhalten wir:

k	400	2 000	2 400
$P(X = k)$	0,8	0,16	0,04

Wir berechnen $E(X) = 736$ €, $\text{var}(X) = 456\,704$, $\sigma(X) = 675{,}80$ €.

126. Wir definieren die Zufallsgrößen X = „Anzahl verspätete Minuten eines Zuges" und Y = „Anzahl verspätete Minuten eines Busses".

(a) Wir berechnen $E(X) = 0 \cdot 0{,}85 + 30 \cdot 0{,}1 + 60 \cdot 0{,}05 = 6$ min und $E(Y) = 0 \cdot 0{,}6 + 15 \cdot 0{,}4 = 6$ min.

(b) $\text{var}(X) = (0-6)^2 \cdot 0{,}85 + (30-6)^2 \cdot 0{,}1 + (60-6)^2 \cdot 0{,}05 = 234$, $\text{var}(Y) = (0-6)^2 \cdot 0{,}6 + (15-6)^2 \cdot 0{,}4 = 54$. Der Zug hat ein größeres Risiko, eine hohe Verspätung zu verursachen, da $\text{var}(X) > \text{var}(Y)$.

127. (a) Die Werte von X liegen näher am Erwartungswert $\mu = 3$ als die Werte von Y. Also gilt: $\sigma(X) < \sigma(Y)$

(b) Das Schaubild von Y ist im Vergleich zum Schaubild von X zwar verschoben. Die Werte sind aber nicht anders gestreut (gleiche Struktur). Somit gilt: $\sigma(X) = \sigma(Y)$

(c) Das Schaubild von Y ist symmetrisch zum Erwartungswert mit $\mu = 2{,}5$. Das Schaubild von X weicht von dieser Symmetrie ab (größere Streuung). Also gilt: $\sigma(X) > \sigma(Y)$

128. Wir definieren die Zufallsgrößen X = „Kontostand nach einem Jahr bei vollständiger Investition in das Festgeld" und Y = „Kontostand nach einem Jahr bei vollständiger Investition in die Aktie".

(a) $E(X) = 6\,000 \cdot (1 + 0{,}024) = 6\,144$ €. $E(Y) = \underbrace{0{,}6 \cdot 6\,000 \cdot (1 + 0{,}2)}_{\text{Aktie steigt}} + \underbrace{0{,}4 \cdot 6\,000 \cdot (1 - 0{,}24)}_{\text{Aktie fällt}} = 6\,144$ €.

(b) $\text{var}(X) = 0$, $\text{var}(Y) = \underbrace{0{,}6 \cdot [6\,000 \cdot (1 + 0{,}2) - 6\,144]^2}_{\text{Aktie steigt}} + \underbrace{0{,}4 \cdot [6\,000 \cdot (1 - 0{,}24) - 6\,144]^2}_{\text{Aktie fällt}} = 1\,672\,704$,

$\sigma(Y) = \sqrt{\text{var}(Y)} = 1\,293{,}33$ €.

(c) Wir definieren die Zufallsgröße Z_a = „Kontostand nach einem Jahr bei Investition von a € in die Aktie und $6\,000 - a$ € in das Festgeld". Dann gilt

$$E(Z_a) = \underbrace{0{,}6 \cdot [a \cdot (1 + 0{,}2) + (6\,000 - a) \cdot 1{,}024]}_{\text{Aktie steigt}} + \underbrace{0{,}4 \cdot [a \cdot (1 - 0{,}24) + (6\,000 - a) \cdot 1{,}024]}_{\text{Aktie fällt}} = 6\,144\text{ €},$$

$$\text{var}(Z_a) = \underbrace{0{,}6 \cdot [a \cdot 1{,}2 + (6\,000 - a) \cdot 1{,}024 - 6\,144]^2}_{\text{Aktie steigt}} + \underbrace{0{,}4 \cdot [a \cdot 0{,}76 + (6\,000 - a) \cdot 1{,}024 - 6\,144]^2}_{\text{Aktie fällt}}$$
$$= 0{,}046a^2$$

und wir erhalten $\sigma(Z_a) = \sqrt{\text{var}(Z_a)} = 0{,}216a = 500 \Rightarrow a = 2\,319{,}59$ €.

Lösungen

129. Wir schreiben $\mathrm{P}(X = 2) = x$, $\mathrm{P}(X = 4) = y$ und $\mathrm{P}(X = 5) = z$. Gesucht ist die Lösung des linearen Gleichungssystems

$$\begin{array}{ccccccccl} x & + & y & + & z & = & 1 & & \text{(Summe der Wahrscheinlichkeiten)} \\ 2x & + & 4y & + & 5z & = & 4{,}5 & & (\mathrm{E}(X)) \\ (2-4{,}5)^2x & + & (4-4{,}5)^2y & + & (5-4{,}5)^2z & = & 1 & & (\mathrm{var}(X)) \end{array}$$

Die Werte $x = \frac{1}{8}$, $y = \frac{1}{8}$ und $z = \frac{3}{4}$ lösen das lineare Gleichungssystem eindeutig.

130. Wir definieren die Zufallsgröße X = „gezogene Nummer“.

(a) $\mathrm{E}(X) = 0$, wenn alle Kugeln mit 0 beschriftet werden.

(b) $\mathrm{E}(X) = 100$, wenn alle Kugeln mit 100 beschriftet werden.

(c) Die Standardabweichung ist dann am kleinsten, wenn alle Kugeln die gleiche Nummer haben: $\sigma(X) = 0$.

(d) Die Standardabweichung ist dann am größten, wenn die Nummern der Kugeln zweier Sorten möglichst großen Abstand voneinander haben. Die Anzahl der in die Urne gelegten Kugeln mit der Aufschrift „100“ bezeichnen wir mit n, die Anzahl der in die Urne gelegten Kugeln mit der Aufschrift „0“ ist dann folglicherweise $20-n$. Es gilt $\mathrm{E}(X) = 0\cdot\mathrm{P}(X = 0)+100\cdot\mathrm{P}(X = 100) = 0\cdot\frac{20-n}{20}+100\cdot\frac{n}{20} = 5n$, $\mathrm{var}(X) = 500n-25n^2$. $\sigma(X) = \sqrt{\mathrm{var}(X)} = \sqrt{500n-25n^2} =: f(n)$. Es gilt $f(n) \geq 0$ für alle $n \in \{0, 1, \dots, 20\}$ und $f(n) = 0$ für $n \in \{0, 20\}$. Wir berechnen $f(n) \to \max$. Es gilt $f'(n) = (250 - 25n)\cdot(500n - 25n^2)^{-\frac{1}{2}} = 0$ für $n = 10$ sowie Vorzeichenwechsel von f' in $n = 10$ von $+$ nach $-$. Somit liegt eine Maximalstelle für $n = 10$ vor. Wir erhalten $\sigma_{\max}(X) = f(10) = 50$.

131. (a) Unter Anwendung der Formel für die Varianz berechnen wir

$$\mathrm{var}(X) = \mathrm{E}((X-\mathrm{E}(X))^2) = \mathrm{E}(X^2-2X\mathrm{E}(X)+(\mathrm{E}(X))^2) = \mathrm{E}(X^2)-2(\mathrm{E}(X))^2+(\mathrm{E}(X))^2 = \mathrm{E}(X^2)-(\mathrm{E}(X))^2$$

(b) Wir berechnen $\mathrm{var}(X) = (\sigma(X))^2 = \frac{9}{4}$, $\mathrm{E}(X) = 1\cdot\frac{1}{2}+0\cdot\frac{1}{4}+a\cdot\frac{1}{4} = \frac{1}{2}+\frac{1}{4}a$ und erhalten

$$\mathrm{E}(X^2) = 1^2\cdot\frac{1}{2}+0^2\cdot\frac{1}{4}+a^2\cdot\frac{1}{4} = \frac{1}{2}+\frac{1}{4}a^2$$
$$\mathrm{var}(X) = \frac{1}{2}+\frac{1}{4}a^2-\left(\frac{1}{2}+\frac{1}{4}a\right)^2 = \frac{3}{16}a^2-\frac{3}{8}a+\frac{1}{4} = \frac{9}{4} \Rightarrow a_1 = -\frac{8}{3} \text{ bzw. } a_2 = 4.$$

Lösungen

Binomialverteilung (S. 53 – 57)

132. (a) Keine Binomialverteilung. Die einzelnen Versuche sind nicht identisch, da sich die ursprüngliche Situation verändert, sobald eine gezogene Kugel nicht zurückgelegt wird.

(b) $X \sim B_{3;\frac{5}{7}}$. Die einzelnen Versuche haben jeweils zwei mögliche Ergebnisse mit den gleichen Wahrscheinlichkeiten und sind unabhängig voneinander.

133. Die Summe der Hochzahlen muss den Wert n ergeben. Die Summe der Wahrscheinlichkeiten p und $1 - p$ muss den Wert 1 ergeben. Eine der Hochzahlen muss auch Teil des Binomialkoeffizienten sein. Somit ergänzen wir:

(a) $\binom{9}{4} \cdot 0{,}3^4 \cdot 0{,}7^5$ oder $\binom{9}{5} \cdot 0{,}3^4 \cdot 0{,}7^5$

(b) $\binom{12}{4} \cdot 0{,}6^4 \cdot 0{,}4^8$ oder $\binom{12}{8} \cdot 0{,}6^4 \cdot 0{,}4^8$

(c) $\binom{11}{2} \cdot 0{,}8^9 \cdot 0{,}2^2$

134. Wir berechnen durch direktes Einsetzen in die Formel.

(a)

k	0	1	2	3	4	5	6
$P(X = k)$	0,001	0,010	0,060	0,185	0,324	0,303	0,118

(b)

k	0	1	2	3	4	5	6	7	8
$P(X = k)$	0,004	0,031	0,109	0,219	0,273	0,219	0,109	0,031	0,004

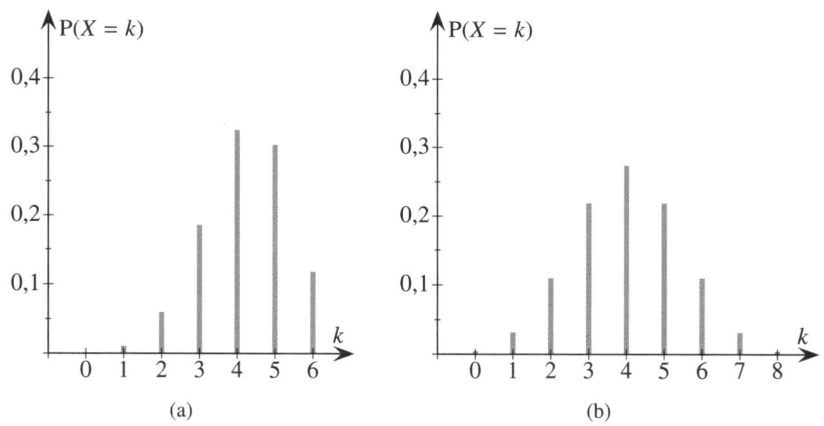

Abb. 5.28: Stabdiagramme zu Aufgabe 134

135. (a) P(genau dreimal 6) = $B_{5;\frac{1}{6}}(3) = 0{,}032$

(b) P(höchstens eine 1) = $B_{5;\frac{1}{6}}(0) + B_{5;\frac{1}{6}}(1) = 0{,}804$

(c) P(keine 5) = $B_{5;\frac{1}{6}}(0) = 0{,}402$

(d) P(mindestens eine 6) = 1 − P(keine 6) = $1 - B_{5;\frac{1}{6}}(0) = 0{,}598$

(e) P(genau eine gerade Zahl) = $B_{5;\frac{1}{2}}(1) = 0{,}156$

(f) P(mehr als drei Würfel ≥ 3) = $B_{5;\frac{2}{3}}(4) + B_{5;\frac{2}{3}}(5) = 0{,}461$

136. Es gilt: $X \sim B_{10;\,0,8}$

(a) P(genau 7 Treffer) = $B_{10;\,0,8}(7) = 0{,}201$

(b) P(mehr als 8 Treffer) = $B_{10;\,0,8}(9) + B_{10;\,0,8}(10) = 0{,}376$

(c) P(mindestens 8 Treffer) = $B_{10;\,0,8}(8) + B_{10;\,0,8}(9) + B_{10;\,0,8}(10) = 0{,}678$

(d) P(weniger als 6 Treffer) = $B_{10;\,0,8}(0) + \ldots + B_{10;\,0,8}(5) = 0{,}033$

137. Es gilt $X \sim B_{100;\,\frac{1}{2}}$.

(a) $P(X \leq 45) = 0{,}184$

(b) $P(X \geq 55) = 1 - P(X \leq 54) = 0{,}184$

(c) $P(40 \leq X \leq 60) = P(X \leq 60) - P(X \leq 39) = 0{,}965$

(d) $P(45 \leq X \leq 55) = P(X \leq 55) - P(X \leq 44) = 0{,}729$

138. Für die Zufallsgröße X = „Anzahl Tage mit ausreichendem Wind" gilt $X \sim B_{7;\,\frac{2}{3}}$. Wir erhalten

$$\text{P(mindestens 5 Tage Wind)} = P(X \geq 5) = 1 - P(X \leq 4) = 0{,}571.$$

139. (a) $n = 7$, $p = \frac{1}{6}$, $k = 2$, z.B.: Mit welcher Wahrscheinlichkeit erhält man bei 7-maligem Wurf genau 2 Sechser?

(b) $n = 10$, $p = \frac{1}{3}$, $k = 3$, z.B.: Mit welcher Wahrscheinlichkeit erhält man bei 10-maligem Wurf genau 3-mal eine 5 oder 6?

(c) $n = 8$, $p = \frac{1}{2}$, $k \neq 0$, z.B.: Mit welcher Wahrscheinlichkeit erhält man bei 8-maligem Wurf mindestens eine gerade Zahl?

(d) $n = 4$, $p = \frac{1}{6}$, $k \geq 3$, z.B.: Mit welcher Wahrscheinlichkeit erhält man bei 4-maligem Wurf genau 3 oder 4 Sechser?

140. (a) (i) Richtig. P(Sophie macht mindestens 6 Punkte) = $B_{8;\,0,6}(6) + B_{8;\,0,6}(7) + B_{8;\,0,6}(8) \approx 0{,}32$.

(ii) Falsch. P(Sophie macht weniger als 4 Punkte) = $B_{8;\,0,6}(0) + B_{8;\,0,6}(1) + B_{8;\,0,6}(2) + B_{8;\,0,6}(3) \approx 0{,}17$.

(b) (i) Falsch. P(Sophie macht höchstens 8 Punkte) = $P(X \leq 8) \approx 0{,}92$.

(ii) Richtig. P(Sophie macht genau 6 Punkte) = $P(X = 6) = P(X \leq 6) - P(X \leq 5) \approx 0{,}23$.

141. Wir bezeichnen die Anzahl richtiger Antworten mit X.

(a) Es gilt $X \sim B_{10;\,\frac{1}{4}}$. Wir erhalten P(mindestens 5 Antworten richtig) = $P(X \geq 5) = 1 - P(X \leq 4) = 0{,}078$.

(b) Es gilt $X \sim B_{20;\,\frac{1}{4}}$. Wir erhalten P(mindestens 10 Antworten richtig) = $P(X \geq 10) = 1 - P(X \leq 9) = 0{,}014$.

(c) Es gilt $X \sim B_{16;\,\frac{1}{4}}$. Wir erhalten P(mindestens 6 Antworten richtig) = $P(X \geq 6) = 1 - P(X \leq 5) = 0{,}190$.

(d) Die Wahrscheinlichkeit, eine einzige Frage richtig zu beantworten, ist mit 25 % eher gering im Vergleich zu den 50 % aller Fragen, die richtig beantwortet werden müssen. Der Schüler braucht also großes Glück, den Test zu bestehen. Mit steigender Anzahl an Fragen steigt auch das Risiko durchzufallen, d.h. die Wahrscheinlichkeit für das Bestehen des Tests sinkt.

142. *Möglichkeit 1*: Für die Zufallsgröße X = „Anzahl tatsächlich Reisender“ gilt: $X \sim B_{250;\,0,94}$. Dann berechnen wir

$$\text{P(mehr als 240 Fluggäste)} = P(X > 240) = 1 - P(X \leq 240) = 0{,}064.$$

Möglichkeit 2: Für die Zufallsgröße X = „Anzahl Absagen“ gilt: $X \sim B_{250;\,0,06}$. Dann berechnen wir

$$\text{P(höchstens 9 Absagen)} = P(X \leq 9) = 0{,}064.$$

143. (a) $P(X = 20) = p^{20} = 0{,}9^{20} = 0{,}122$

(b) $P(X = 20) = p^{20} \geq 0{,}5 \Rightarrow p \geq \sqrt[20]{0{,}5} = 0{,}966$

(c) Es gilt $X \sim B_{n;\,0,9}$. $P(X = n) = 0{,}9^n \geq 0{,}5 \Rightarrow n \leq \log_{0,9} 0{,}5 = 6{,}58 \Rightarrow n \leq 6$.

(d) $X \sim B_{20;\,p}$. Je größer p ist, desto kleiner wird die Wahrscheinlichkeit $P(X \leq 18)$.

Mit Hilfe der Taste `BinomCD` im WTR ermitteln wir den Bereich für p, in dem $P(X \leq 18) < 0{,}1$ ist. Durch systematisches Ausprobieren erhalten wir ungefähr den Bereich $p \in [0{,}974;\ 1]$.

p	$P(X \leq 18)$	$< 0{,}1$?
⋮	⋮	⋮
0,972	0,1069	nein
0,973	0,1005	nein
0,974	0,0943	ja
⋮	⋮	⋮

144. Ist die Anzahl der Fragen ungerade, dann beträgt die Gewinnwahrscheinlichkeit stets 0,5. Ist sie gerade, dann gibt es zu jeder Anzahl r an richtigen Antworten eine gleich wahrscheinliche Anzahl $x - r$ an falschen Antworten – mit einer Ausnahme: dem Wert $\frac{1}{2}x$. Mit dieser Anzahl richtiger Antworten erzielt der Teilnehmer ebenfalls einen Gewinn. Somit muss die Gewinnwahrscheinlichkeit dann größer sein als 0,5. Da dieser Effekt aber mit der wachsenden Anzahl von Fragen weniger ins Gewicht fällt, strebt für diese Fälle die Gewinnwahrscheinlichkeit bei einer großen Anzahl von Fragen ebenfalls gegen den Wert 0,5.

145. Team A kann entweder 4:0, 4:1, 4:2 oder 4:3 gewinnen. Zu beachten ist, dass bei den Resultaten 4:1, 4:2 und 4:3 Team A stets auch den letzten Punkt machen muss.

$$\text{P(Team A gewinnt 4:0)} = B_{4;\,0,6}(4) = 0{,}130$$
$$\text{P(Team A gewinnt 4:1)} = B_{4;\,0,6}(3) \cdot 0{,}6 = 0{,}207$$
$$\text{P(Team A gewinnt 4:2)} = B_{5;\,0,6}(3) \cdot 0{,}6 = 0{,}207$$
$$\text{P(Team A gewinnt 4:3)} = B_{6;\,0,6}(3) \cdot 0{,}6 = 0{,}166$$

Somit gewinnt Team A mit einer Wahrscheinlichkeit von 0,710 bzw. 71 %.

Erwartungswert der Binomialverteilung (S. 58 – 60)

146. (a) $\mathrm{E}(X) = np = 12 \cdot \frac{1}{4} = 3$, $\sigma(X) = \sqrt{np(1-p)} = \sqrt{12 \cdot \frac{1}{4} \cdot \frac{3}{4}} = \frac{3}{2}$

(b) $\mathrm{E}(X) = 8$, $\sigma(X) = 2$

(c) $\mathrm{E}(X) = 90$, $\sigma(X) = 3$

(d) $\mathrm{E}(X) = 22{,}5$, $\sigma(X) = 3{,}75$

147. (a) $p = \frac{\mathrm{E}(X)}{n} = \frac{2}{3}$, $\sigma(X) = \sqrt{np(1-p)} = 2$

(b) $n = \frac{\mathrm{E}(X)}{p} = 25$, $\sigma(X) = \sqrt{np(1-p)} = 2$

(c) *Lösungsweg 1*: $\sigma(X) = \sqrt{np(1-p)} \Rightarrow (\sigma(X))^2 = np(1-p) \Rightarrow n = \frac{(\sigma(X))^2}{p(1-p)} = 20$, $\mathrm{E}(X) = np = \frac{50}{3}$.
Lösungsweg 2: $\sigma(X) = \sqrt{np(1-p)} = \sqrt{\mathrm{E}(X) \cdot (1-p)} \Rightarrow (\sigma(X))^2 = \mathrm{E}(X) \cdot (1-p) \Rightarrow \mathrm{E}(X) = \frac{(\sigma(X))^2}{1-p} = \frac{50}{3}$,
$n = \frac{\mathrm{E}(X)}{p} = 20$

(d) $4 = \sqrt{64 \cdot p(1-p)} \Rightarrow 16 = 64 \cdot p(1-p) \Rightarrow -64p^2 + 64p - 16 = 0 \Rightarrow p = \frac{1}{2}$, $\mathrm{E}(X) = np = 32$

148. (a) $\Rightarrow$ (iii): $X \sim B_{100;\frac{1}{5}}$, denn $\mu = 20$ (Extremstelle) und $\sigma = 4$ ist hier am größten

(b) $\Rightarrow$ (i): $X \sim B_{25;\frac{4}{5}}$, denn $\mu = 20$ (Extremstelle) und $\sigma = 2$ ist hier am kleinsten

(c) $\Rightarrow$ (ii): $X \sim B_{30;\frac{1}{2}}$, denn $\mu = 15$ (Extremstelle)

149. (a) Die Extremstelle liegt in $k = 5$ vor. Also ist $\mu \approx 5$. Verbinden wir die Oberkanten der Balken (Abb. 5.29a), so erhalten wir eine Kurve, deren Wendestellen ungefähr bei $k_1 = 3$ und $k_2 = 7$ liegen. Also ist $\sigma \approx 2$.

(b) Die Extremstelle liegt in $k = 8$ vor. Also ist $\mu \approx 8$. Verbinden wir die Oberkanten der Balken (Abb. 5.29b), so erhalten wir eine Kurve, deren Wendestellen ungefähr bei $k_1 = 6$ und $k_2 = 10$ liegen. Also ist $\sigma \approx 2$.

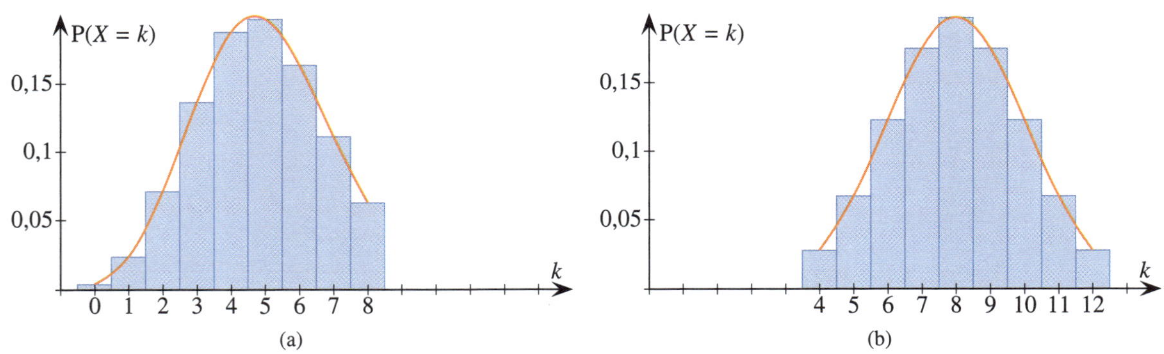

Abb. 5.29: Lösungsskizzen zu Aufgabe 149

150. X gibt die Anzahl der tatsächlich ausgetrunkenen Sektgläser an. Es gilt: $X \sim B_{80;0,6}$.

(a) Es gilt: $\mathrm{E}(X) = 80 \cdot 0{,}6 = 48$.

(b) 7 Flaschen Sekt entsprechen 49 Gläsern. Die Wahrscheinlichkeit, dass diese Menge nicht ausreicht, beträgt $\mathrm{P}(X > 49) = 1 - \mathrm{P}(X \leq 49) = 0{,}369$ und ist viel zu hoch. Der Gastgeber sollte auf jeden Fall mehr Flaschen bereitstellen.

151. X gibt die absolute Häufigkeit des Gewinnfeldes an. Es gilt: $X \sim B_{200;\,\frac{1}{36}}$.

(a) $P(X \geq 7) = 1 - P(X \leq 6) = 0{,}322$

(b) $E(X) = 200 \cdot \frac{1}{36} = \frac{50}{9} = 5{,}56$. Der durchschnittliche Reingewinn beträgt also $200 \cdot 1{,}5 - \frac{50}{9} \cdot 30 = 133{,}33$€.

(c) Für den Spieleinsatz x muss gelten: $200x - \frac{50}{9} \cdot 30 \geq 0 \Rightarrow x \geq \frac{5}{6} = 0{,}83$€.

(d) Für die absolute Häufigkeit k des gedrehten Gewinnfeldes muss gelten: $200 \cdot 1{,}5 - 30k < 0 \Rightarrow k > 10$. $P(X > 10) = 1 - P(X \leq 10) = 0{,}025$.

152. Wir berechnen:

$$\begin{aligned} \sigma(X) &= \sqrt{np(1-p)} = \sqrt{E(X) \cdot (1-p)} \\ &\Rightarrow (\sigma(X))^2 = E(X) \cdot (1-p) \\ &\Rightarrow p = 1 - \frac{(\sigma(X))^2}{E(X)} = \frac{3}{10}, \quad n = \frac{E(X)}{p} = 21 \end{aligned}$$

153. (a) μ erhöht sich um den Faktor 2, denn $\mu_{\text{neu}} = 2n \cdot p = 2\mu$. σ erhöht sich um den Faktor $\sqrt{2}$, denn $\sigma_{\text{neu}} = \sqrt{2np(1-p)} = \sqrt{2} \cdot \sigma$.

(b) μ erhöht sich um den Faktor 2,5, denn $\mu_{\text{neu}} = 2{,}5n \cdot \frac{1}{5} = 2{,}5\mu$. σ erhöht sich um den Faktor 1,25, denn $\sigma = \frac{2}{5}\sqrt{n}$ und $\sigma_{\text{neu}} = \frac{1}{2}\sqrt{n} = 1{,}25 \cdot \sigma$.

Standardnormalverteilung (S. 61 – 62)

154. Es gilt $X \sim \mathcal{N}_{0;\,1}$. Wir berechnen

(a) $P(-1 \leq X \leq 1) = \Phi(1) - \Phi(-1) = 0{,}683$

(b) $P(-2 \leq X \leq 2) = \Phi(2) - \Phi(-2) = 0{,}954$

(c) $P(-3 \leq X \leq 3) = \Phi(3) - \Phi(-3) = 0{,}997$

(d) $P(-1{,}64 \leq X \leq 1{,}64) = 0{,}899$

(e) $P(-1{,}96 \leq X \leq 1{,}96) = 0{,}950$

(f) $P(-2{,}58 \leq X \leq 2{,}58) = 0{,}990$

155. (a) Falsch. $P(X \leq 0{,}5) = \Phi(0{,}5) \approx 0{,}69$

(b) Richtig. $P(X \geq 1) = 1 - \Phi(1) \approx 0{,}16$

(c) Falsch. $P(X \in [0;\,2]) = \Phi(2) - \Phi(0) \approx 0{,}48$

156. (a) Wir berechnen $\varphi'(x) = -\frac{x}{\sqrt{2\pi}} e^{-\frac{1}{2}x^2}$ und $\varphi''(x) = \frac{1}{\sqrt{2\pi}}(x^2 - 1)e^{-\frac{1}{2}x^2}$. Wir setzen $\varphi'(x) = 0$ und erhalten die lokale Extremstelle $x = 0$. Wir setzen $\varphi''(x) = 0$ und erhalten die Wendestellen $x_1 = -1$ sowie $x_2 = 1$.

(b) Streckung des Schaubilds um $\frac{1}{\sigma}$ in y-Richtung und σ in x-Richtung. Verschiebung um μ nach rechts/links.

(c) Mit dem Ergebnis aus (b) erhalten wir die lokale Extremstelle $x = \mu$ und die Wendestellen $x_{1/2} = \mu \pm \sigma$.

(d) Der Parameter μ ist der x-Wert der lokalen Extremstelle. Die Wendestellen sind gegeben durch $x_{1/2} = \mu \pm \sigma$.

(i) Extremstelle $x = 5 \Rightarrow \mu = 5$. Wendestellen $x_1 = 3$ und $x_2 = 7 \Rightarrow \sigma = 2$.

(ii) Extremstelle $x = 20 \Rightarrow \mu = 20$. Wendestellen $x_1 = 15$ und $x_2 = 25 \Rightarrow \sigma = 5$.

157. Um die Aufgabe graphisch zu lösen, nutzen wir die Kenntnis, dass Φ eine Stammfunktion von φ ist. Also gilt $A = \int_{-z}^{z} \varphi(x)\,\mathrm{d}x = \Phi(z) - \Phi(-z)$.

(a) Wir lesen aus Abb. 5.30b ab, dass $\Phi(z) \approx 0{,}975$ und $\Phi(-z) \approx 0{,}025$. Somit gilt $A = \Phi(z) - \Phi(-z) \approx 0{,}95$ (Abb. 5.30a).

(b) Damit $\Phi(z) - \Phi(-z) \approx 0{,}9$ gilt, wählen wir durch Ausprobieren $z \approx 1{,}64$.

(c) Am Flächenanteil ändert sich nichts, wenn man anstelle von $[-z; z]$ das Intervall $[-z\sigma; z\sigma]$ bei einer um σ in x-Richtung und um $\frac{1}{\sigma}$ in y-Richtung gestreckter/gestauchter Funktion betrachtet. Es ändert sich auch nichts, wenn man dann das Intervall $[\mu - z\sigma; \mu + z\sigma]$ betrachtet, nachdem das Schaubild noch um μ in x-Richtung verschoben wurde.

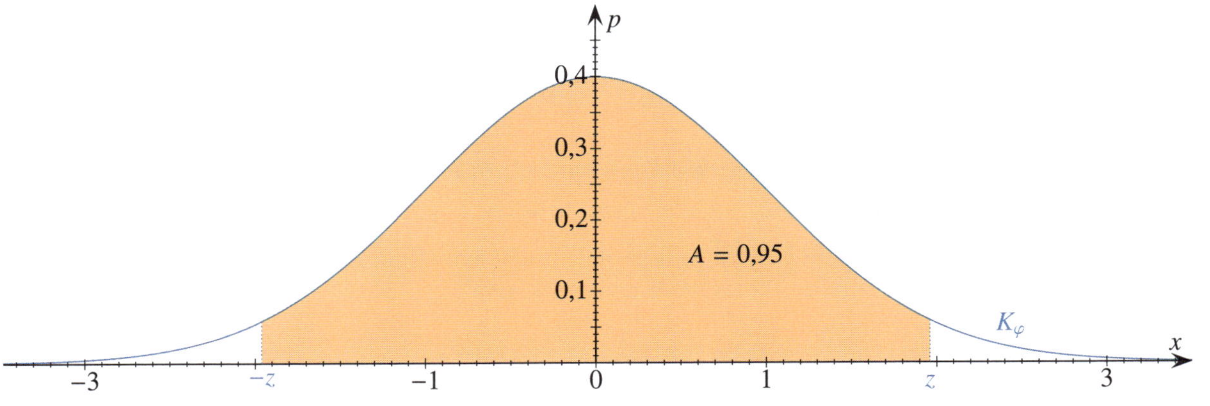

(a) Schaubild von φ

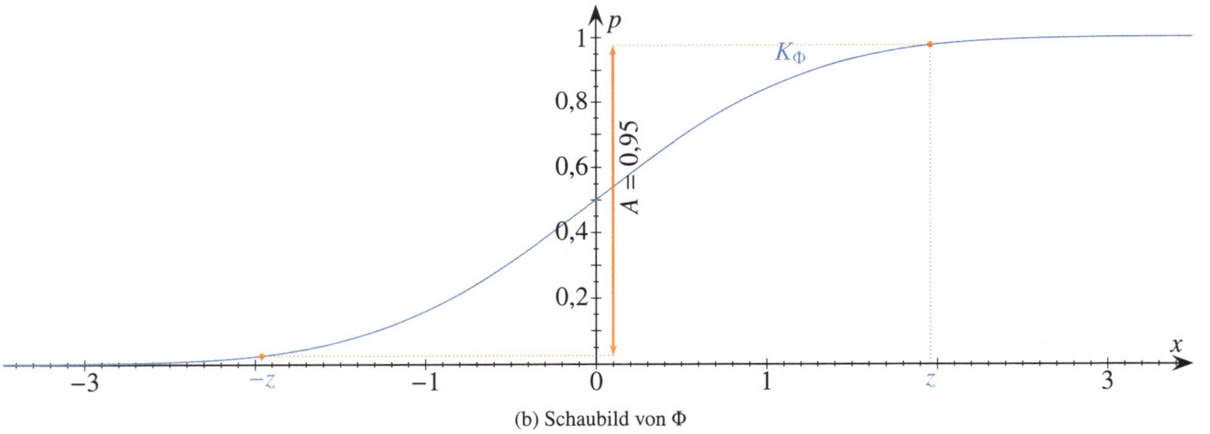

(b) Schaubild von Φ

Abb. 5.30: Schaubilder zu Aufgabe 157

Approximation der Binomialverteilung für großes n (S. 63 – 64)

158. X = „Anzahl Schüler, die unter Kopfschmerzen leiden“. $X \sim B_{100;\frac{1}{5}}$ mit $\mu = 20$ und $\sigma = 4$. Dann gilt

$$P(X = 20) \approx \frac{1}{\sqrt{2\pi \cdot 16}} \cdot e^{-\frac{(20-20)^2}{2\cdot 16}} = \frac{1}{\sqrt{2\pi}} \cdot \frac{1}{4} \approx 0{,}4 \cdot \frac{1}{4} = 0{,}1.$$

159. Es gilt $X \sim B_{400;\,\frac{1}{2}}$ mit $\mu = 200$ und $\sigma = 10$. Wir berechnen

(a) P(höchstens 180 Tage) $= \Phi\left(\frac{180-200+0{,}5}{10}\right) = \Phi(-1{,}95) = 0{,}026$.

(b) P(mindestens 210 Tage) $= 1 - \Phi\left(\frac{209-200+0{,}5}{10}\right) = 1 - \Phi(0{,}95) = 0{,}171$.

(c) P(zwischen 195 und 205 Tagen) $= \Phi\left(\frac{205-200+0{,}5}{10}\right) - \Phi\left(\frac{194-200+0{,}5}{10}\right) = \Phi(0{,}55) - \Phi(-0{,}55) = 0{,}418$.

160. Es gilt $X \sim B_{4\,050;\,\frac{1}{9}}$ mit $\mu = 450$ und $\sigma = 20$.

(a) Mit welcher Wahrscheinlichkeit bestehen höchstens 400 Bewerber die Prüfung?

(b) Mit welcher Wahrscheinlichkeit bestehen mindestens 420 Bewerber die Prüfung?

(c) Wir berechnen $\frac{x-450+0{,}5}{20} = 1{,}525 \Rightarrow x = 480$ und $\frac{x-450+0{,}5}{20} = -0{,}525 \Rightarrow x = 439$. Mit welcher Wahrscheinlichkeit bestehen zwischen 440 und 480 Bewerbern die Prüfung?

161. Wir berechnen $\mu = 12$ und $\sigma = 3$. Es ist festzustellen, dass die Werte umso genauer werden, je näher die Werte von k am Erwartungswert liegen.

k	6	8	10	12	14	16	18
$B_{n;\,p}(k)$	0,0169	0,0579	0,1115	0,1320	0,1015	0,0527	0,0190
Näherung in k	0,0180	0,0547	0,1065	0,1330	0,1065	0,0547	0,0180
absoluter Fehler	0,0011	−0,0032	−0,0050	0,0010	0,0050	0,0020	−0,0010
relativer Fehler	6,51 %	−5,53 %	−4,48 %	0,75 %	4,88 %	3,80 %	−5,26 %

162. Wir bezeichnen X = „Anzahl der Käufer“. Es gilt: $X \sim B_{1\,600;\,0{,}5}$.

(a) Wir berechnen

$$P(X \leq 830) = \Phi\left(\frac{830-1\,600\cdot 0{,}5+0{,}5}{\sqrt{1\,600\cdot 0{,}5\cdot(1-0{,}5)}}\right) = \Phi(1{,}525) = 0{,}936.$$

(b) Wir berechnen $E(X) = 800$ und erhalten

$$P(780 \leq X \leq 820) = P(X \leq 820) - P(X \leq 779) = \Phi\left(\frac{820-1\,600\cdot 0{,}5+0{,}5}{\sqrt{1\,600\cdot 0{,}5\cdot(1-0{,}5)}}\right) - \Phi\left(\frac{779-1\,600\cdot 0{,}5+0{,}5}{\sqrt{1\,600\cdot 0{,}5\cdot(1-0{,}5)}}\right)$$
$$= \Phi(1{,}025) - \Phi(-1{,}025) = 0{,}695.$$

(c) Hiermit wird der erwartete Gewinn berechnet, den der Abiturjahrgang mit dem Verkauf der Zeitschriften erzielt.

Prognoseintervalle und Sigma-Regeln (S. 65 – 68)

163. (a) Für $n = 100$ erhalten wir die Intervalle [45; 55] (1σ-Regel), [40; 60] (2σ-Regel) und [35; 65] (3σ-Regel). Für $n = 10\,000$ erhalten wir die Intervalle [4 950; 5 050], [4 900; 5 100] und [4 850; 5 150]. Für $n = 1\,000\,000$ erhalten wir die Intervalle [499 500; 500 500], [499 000; 501 000] und [498 500; 501 500]. Beispielhaft gilt für $n = 100$: $X \sim B_{100;\frac{1}{2}}$ und somit $P(X \in [45; 55]) = P(X \leq 55) - P(X \leq 44) = 0{,}729$. Insgesamt erhalten wir die folgende Tabelle.

n	μ	σ	$P(X \in [\mu - 1\sigma; \mu + 1\sigma])$	$P(X \in [\mu - 2\sigma; \mu + 2\sigma])$	$P(X \in [\mu - 3\sigma; \mu + 3\sigma])$
100	50	5	0,729	0,965	0,998
10 000	5 000	50	0,688	0,956	0,997
1 000 000	500 000	500	0,683	0,955	0,997

(b) Je größer n, desto besser passen die Sigma-Regeln.

164. Für die Zufallsgröße X = „Anzahl Kopf" gilt: $X \sim B_{400;\frac{1}{2}}$. Wir berechnen $\mu = 200$ und $\sigma = 10$.

(a) X liegt im 3σ-Intervall. Also $\gamma = 0{,}997$.

(b) X liegt außerhalb des 1σ-Intervalls. Also $\gamma = 1 - 0{,}683 = 0{,}317$.

165. Wir setzen X = „Anzahl richtiger Antworten". Dann gilt $X \sim B_{40;\frac{1}{3}}$.

(a) Wir berechnen $\mu = 40 \cdot \frac{1}{3} = 13{,}33$ und $\sigma = \sqrt{np(1-p)} = 2{,}98$. Mit Hilfe der Sigma-Regeln erhalten wir $P(\mu - 2\sigma \leq X \leq \mu + 2\sigma) = 0{,}954$. Für die untere Grenze erhalten wir $\mu - 2\sigma = 7{,}37$, für die obere Grenze $\mu + 2\sigma = 19{,}29 \Rightarrow$ Intervall [7; 20]. Wir runden nach außen ab, damit die erhaltenen Werte garantiert im Intervall liegen.

(b) Da keiner der Werte mindestens 20 beträgt, ist es nicht sehr ratsam, an der Prüfung teilzunehmen.

166. Für den Erwartungswert von X gilt $\mu = 90$. Wir verbinden die Mitten der Balkenspitzen durch eine Kurve (Abb. 5.31). Die Wendepunkte dieser Kurve liegen bei ca. $\mu - \sigma = 84$ und $\mu + \sigma = 96$. Somit liegen die 68,3 % häufigsten Werte im Intervall [84; 96] (1σ-Regel).

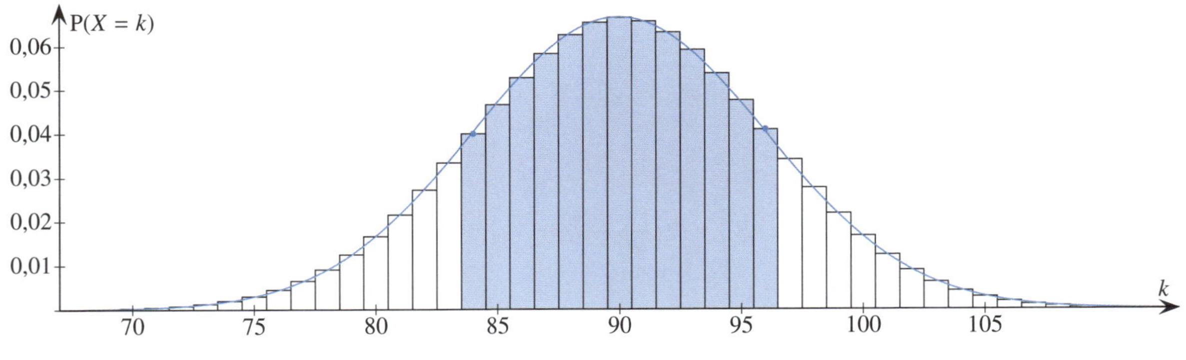

Abb. 5.31: Schaubild zu Aufgabe 166

167. (a) Mit Hilfe der σ-Regeln gilt $z = 1{,}64$. Somit erhalten wir das Intervall $[\mu - 1{,}64\sigma; \mu + 1{,}64\sigma]$ mit $\mu - 1{,}64\sigma = 147\,\text{cm}$ sowie $\mu + 1{,}64\sigma = 193\,\text{cm}$.

(b) Für die Länge des Intervalls gilt $d(n) = 2z\sigma = 0{,}28 \Rightarrow z = 1$. Somit erhalten wir eine Wahrscheinlichkeit von 68,3 % (1σ-Regel).

168. Für die Zufallsgröße X = „Anzahl bezahlender Personen" gilt: $X \sim B_{2\,000;\,\frac{19}{20}}$. Wir berechnen $\mu = 1\,900$ und $\sigma = \sqrt{95} = 9{,}75$. Das 68,3 %-Prognoseintervall für X beträgt somit [1 890; 1 910]. Für die Einnahmen gilt dann das Prognoseintervall [7 560; 7 640].

169. (a) Richtig. Die Werte der Funktion d werden größer, wenn γ bzw. der dazugehörige z-Wert größer wird.

(b) Falsch. Die Funktion d nimmt ihren maximalen Wert an, wenn $p = \frac{1}{2}$. Wird der Wert von p größer, nimmt die Funktion d kleinere Werte an.

170. Damit 95,4 % aller Werte im Intervall liegen, muss es sich um ein 2σ-Intervall handeln. Hier muss $\mu = 48$ und $\sigma = 4$ sein, denn das Intervall hat die Grenzen $40 = 48 - 2 \cdot 4$ und $56 = 48 + 2 \cdot 4$. Gleichzeitig muss also gelten: $np = 40$ und $\sqrt{np(1-p)} = 4$. Als Lösung dieses Gleichungssystems erhalten wir $n = 72$ und $p = \frac{2}{3}$.

171. (a) Für die Anzahl X geworfener Sechser gilt: $X \sim B_{720;\,\frac{1}{6}}$. Wir berechnen $\mu = 120$, $\sigma = 10$. Somit gilt $P(\mu - \sigma \le X \le \mu + \sigma) \approx 68{,}3\,\%$ (1σ-Regel).

(b) Da bereits in 540 Würfen 90 Sechser erzielt wurden, gilt für die Anzahl X nach dem 540. Wurf: $X \sim B_{180;\,\frac{1}{6}}$. Wir berechnen $\mu = 30$ und $\sigma = 5$. Somit gilt $P(\mu - 2\sigma \le X \le \mu + 2\sigma) \approx 95{,}4\,\%$ (2σ-Regel).

172. Für $\gamma = 95\,\%$ gilt $z = 1{,}96$. Wir stellen fest:

$$f_{\text{unten}}(p) = np - 1{,}96\sqrt{np(1-p)} \quad \text{und} \quad f_{\text{oben}}(p) = np + 1{,}96\sqrt{np(1-p)}$$

(a) $f_{\text{unten}}(p) = 10p - 1{,}96\sqrt{10p(1-p)}$ und $f_{\text{oben}}(p) = 10p + 1{,}96\sqrt{10p(1-p)}$ (Abb. 5.32a)

(b) $f_{\text{unten}}(p) = 100p - 1{,}96\sqrt{100p(1-p)}$ und $f_{\text{oben}}(p) = 100p + 1{,}96\sqrt{100p(1-p)}$ (Abb. 5.32b)

(c) $f_{\text{unten}}(p) = 1\,000p - 1{,}96\sqrt{1\,000p(1-p)}$ und $f_{\text{oben}}(p) = 1\,000p + 1{,}96\sqrt{1\,000p(1-p)}$ (Abb. 5.32c)

Es ergeben sich jeweils Ellipsen, die mit wachsendem n schmaler werden. Für $p = 0$ und $p = 1$ sind die Werte beider Funktionen jeweils gleich. Je näher p an dem Wert $\frac{1}{2}$ liegt, desto stärker schwanken die Ergebnisse.

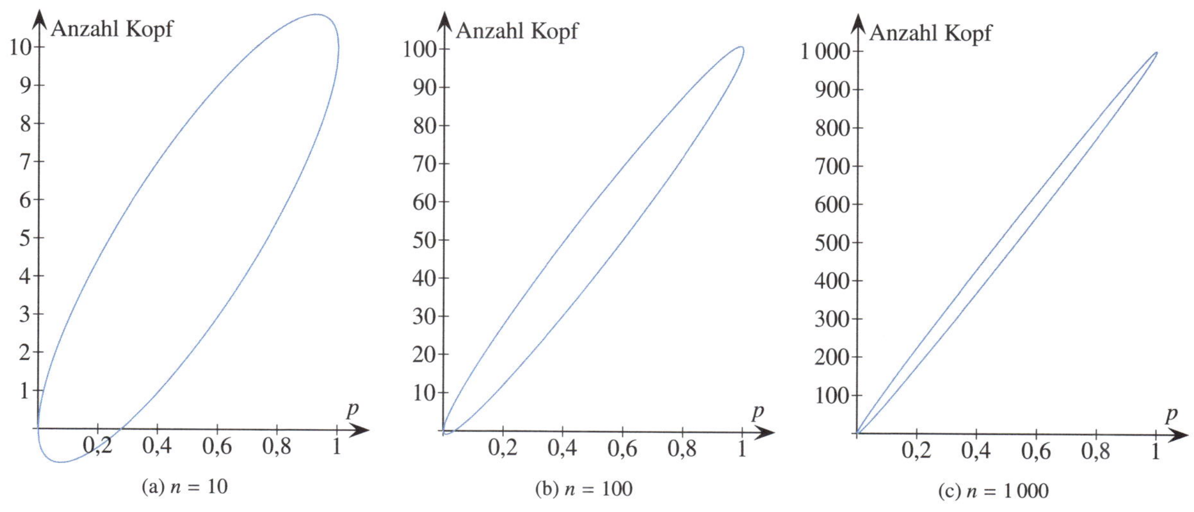

Abb. 5.32: Schaubilder zu Aufgabe 172

Schätzen unbekannter Wahrscheinlichkeiten (S. 69 – 74)

173. Wir berechnen $h = \frac{18}{120} = 0{,}15$ und erhalten das 90 %-Vertrauensintervall $h \in [0{,}097; 0{,}203]$, denn

$$p_{1/2} = 0{,}15 \pm 1{,}64\sqrt{\frac{0{,}15 \cdot (1 - 0{,}15)}{120}} \Rightarrow p_1 = 0{,}097,\ p_2 = 0{,}203.$$

174. Wir berechnen $h = \frac{15}{600} = 0{,}025$ und erhalten das 95 %-Vertrauensintervall $h \in [0{,}013; 0{,}037]$, denn

$$p_{1/2} = 0{,}025 \pm 1{,}96\sqrt{\frac{0{,}025 \cdot (1 - 0{,}025)}{600}} \Rightarrow p_1 = 0{,}013,\ p_2 = 0{,}037.$$

Die Aussage, dass etwa 8 % aller Bälle mangelhaft sind, muss auf jeden Fall angepasst werden. Denn dieser Wert ist nicht einmal annähernd mit dem Stichprobenergebnis verträglich.

175. Je größer die Sicherheitswahrscheinlichkeit, desto größer die Intervalllänge. Also [0,273; 0,327] bei 90 %, [0,268; 0,332] bei 95 % und [0,258; 0,342] bei 99 %.

176. Je größer die Stichprobenanzahl, desto kleiner die Intervalllänge. Also [0,543; 0,657] bei 200 Personen, [0,560; 0,640] bei 400 Personen und [0,572; 0,628] bei 800 Personen.

177. Alle drei Aussagen sind wahr.

(a) Der Schätzwert für h ist vom Zufall abhängig, da die Antworten einer statistischen Untersuchung vom Zufall abhängig sind.

(b) Die Intervallgrenzen des Konfidenzintervalls sind vom Zufall abhängig, da in der Formel stets der Schätzwert für h verwendet wird.

(c) Auch die Länge des Konfidenzintervalls ist vom Zufall abhängig, da in der Formel stets der Schätzwert für h verwendet wird.

178. Wir zeichnen die relative Häufigkeit $h = 0{,}75$ als waagrechte Gerade in das Koordinatensystem. Die Gerade schneidet die Ellipse in $p_1 = 0{,}63$ und $p_2 = 0{,}84$. Somit erhalten wir das Konfidenzintervall [0,63; 0,84].

179. (a) Die Antwort von Tim ist nachvollziehbar. Der Wert von $p = \frac{1}{6}$ ist nicht mit dem Stichprobenergebnis verträglich. Die Wahrscheinlichkeit, dass er mit seiner Aussage falsch liegt, beträgt 10 %.

(b) Die Antwort von Sophie ist nachvollziehbar. Der Wert von $p = \frac{1}{6}$ ist mit dem Stichprobenergebnis verträglich. Die Wahrscheinlichkeit, dass sie mit ihrer Aussage falsch liegt, beträgt nur 1 %.

(c) Da die Sicherheitswahrscheinlichkeit bei Sophie höher ist als bei Tim, erlaubt Sophie eine höhere Toleranz bei der geworfenen Anzahl Sechser, ohne dass sie den Würfel sofort als gezinkt einstuft.

180. (a) Wir berechnen $h = 0{,}005$ und erhalten das 90 %-Vertrauensintervall [0,0013; 0,0087], denn

$$p_{1/2} = 0{,}005 \pm 1{,}64\sqrt{\frac{0{,}005 \cdot 0{,}995}{1\,000}} \Rightarrow p_1 = 0{,}0013,\ p_2 = 0{,}0087.$$

(b) Für 1 000 Fahrgäste benötigt ein Kontrolleur 5 Stunden. Die Fahrgäste müssten einen Betrag zwischen $0{,}0013 \cdot 60 \cdot 1\,000 = 78$ € und $0{,}0087 \cdot 60 \cdot 1\,000 = 522$ € bezahlen. Nach Abzug der Kosten kann die Stadt

Lösungen

mit Einnahmen zwischen $78 - 5 \cdot 30 = -72$ € und $522 - 5 \cdot 30 = 372$ € rechnen. Es ist also auch ein Verlust möglich.

(c) Wir bezeichnen die Anzahl kontrollierter Fahrgäste pro Stunde mit x und erhalten die Ungleichung

$$2 \cdot 60 - \frac{1\,000}{x} \cdot 30 \geq 0 \Rightarrow x \geq 250.$$

(d) Wir bezeichnen die Kosten eines Kontrolleurs pro Stunde mit x und erhalten die Ungleichung

$$2 \cdot 60 - 5x \geq 0 \Rightarrow x \leq 15{,}6\,€.$$

181. (a) Für $h = 0{,}1$ erhalten wir $n \approx 550$ (Abb. 5.33).

(b) Wir betrachten den höchsten Punkt in dem Schaubild und erhalten $n \approx 1\,550$.

(c) Das Schaubild zum 90 %-Vertrauensintervall muss unterhalb des ursprünglichen liegen, da jeweils eine geringere Stichprobenanzahl notwendig ist (Abb. 5.33).

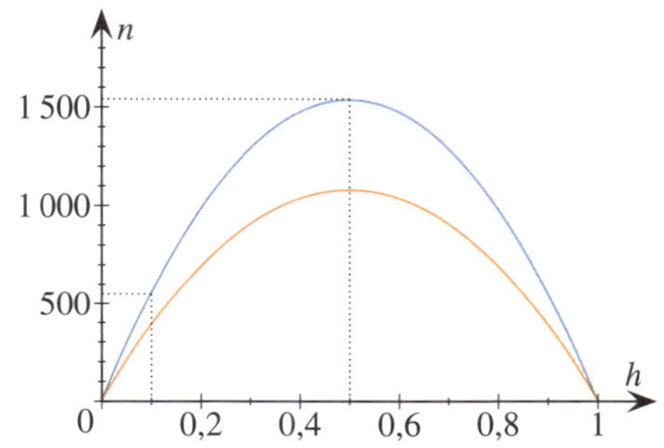

Abb. 5.33: Lösungsskizze zu Aufgabe 181

182. Da über die zu erwartende relative Häufigkeit h nichts bekannt ist, setzen wir $h = \frac{1}{2}$. Für die Länge des Konfidenzintervalls gilt hier $d_{\max} = \frac{z}{\sqrt{n}} \leq 0{,}02$ mit $z = 1{,}96$ ($\gamma = 95\,\%$). Wir berechnen

$$n \geq \frac{z^2}{d_{\max}^2} = \frac{1{,}96^2}{0{,}02^2} = 9\,604.$$

Es müssen also mindestens 9 604 Personen befragt werden.

183. (a) Wir berechnen $h = \frac{250}{1\,000} = 0{,}25$ und erhalten das 95 %-Konfidenzintervall $h \in [0{,}223;\ 0{,}277]$, denn

$$p_{1/2} = 0{,}25 \pm 1{,}96\sqrt{\frac{0{,}25 \cdot (1 - 0{,}25)}{1\,000}} \Rightarrow p_1 = 0{,}223,\ p_2 = 0{,}277.$$

(b) Für die Länge des Konfidenzintervalls gilt hier $d_{\max} = 2z\sqrt{\frac{h(1-h)}{n}} \leq 0{,}04$ mit $z = 3$ ($\gamma = 99{,}7\,\%$). Wir berechnen

$$n \geq \frac{4z^2 h(1-h)}{d_{\max}^2} = \frac{4 \cdot 3^2 \cdot 0{,}25 \cdot (1 - 0{,}25)}{0{,}04^2} = 4\,218{,}75.$$

Somit muss $n \geq 4\,219$ sein.

(c) Nein, es müssen weniger Wähler befragt werden. Führen wir die obige Rechnung mit dem Wert $h = 0{,}1$ anstelle von $h = 0{,}25$ durch, so erhalten wir $n \geq 2\,025$.

184. (a) Wir berechnen $h = \frac{120}{200} = 0{,}6$ und erhalten das 90 %-Konfidenzintervall $h \in [0{,}543;\ 0{,}657]$, denn

$$p_{1/2} = 0{,}6 \pm 1{,}64\sqrt{\frac{0{,}6 \cdot (1 - 0{,}6)}{200}} \Rightarrow p_1 = 0{,}543,\ p_2 = 0{,}657.$$

(b) Der Direktor ist im Unrecht. Die Länge des Konfidenzintervalls ist indirekt proportional zu $\sqrt{n}$. Das heißt, um die Länge des Konfidenzintervalls zu halbieren, müsste man die vierfache Menge an Schülern befragen, also 800.

(c) Der Schüler hat Recht. Nach Umstellen der Ungleichung $2 \cdot 0{,}05 \geq 2z\sqrt{\frac{h(1-h)}{n}}$ erhalten wir $n \geq \frac{4z^2 h(1-h)}{2 \cdot 0{,}05}$. Da aber der Wert von $h(1-h)$ für jedes $h \in [0;\ 1]$ kleiner oder gleich $\frac{1}{4}$ ist, könnten wir den Ausdruck $h(1-h)$ auch durch diesen Wert ersetzen und würden eine Schätzung für n verwenden können, selbst wenn wir den geschätzten h-Wert noch nicht wissen.

185. Individuelle Lösungen.

186. (a) Wir formen die Ungleichung um:

$$\begin{aligned}
|np - k| &\leq z\sqrt{np(1-p)} && |\ ()^2 \\
(np - k)^2 &\leq z^2 np(1-p) && \\
n^2p^2 - 2npk + k^2 &\leq npz^2 - np^2z^2 && |\ -npz^2 + np^2z^2 \\
p^2(n^2 + nz^2) + p(-2nk - nz^2) + k^2 &\leq 0 && |: n^2 \\
p^2\left(1 + \tfrac{z^2}{n}\right) + p\left(-\tfrac{2k}{n} - \tfrac{z^2}{n}\right) + \tfrac{k^2}{n^2} &\leq 0 &&
\end{aligned}$$

(b) Indem wir alle Ausdrücke der Form $\frac{k}{n}$ durch h ersetzen, erhalten wir die Ungleichung

$$p^2\left(1 + \frac{z^2}{n}\right) + p\left(-2h - \frac{z^2}{n}\right) + h^2 \leq 0.$$

Durch Anwenden der Mitternachtsformel und kleine Termumformungen erhalten wir die Lösungen.

(c) Die Lösungen lauten für p dann $p \in [p_1;\ p_2]$ mit

$$p_{1/2} = h \pm z\sqrt{\frac{h(1-h)}{n}}.$$

Diese Vereinfachung ist durchführbar, da alle Terme der Form $\frac{\cdots}{n}$ für wachsendes n viel schneller gegen 0 streben als die Terme der Form $\frac{\cdots}{\sqrt{n}}$. Sie können vernachlässigt werden, da sie für großes n im Vergleich zu einem Term der Form $\frac{\cdots}{\sqrt{n}}$ kaum ins Gewicht fallen.

Einseitiger Signifikanztest (S. 76 – 79)

187. Es handelt sich um einen rechtsseitigen Test mit $n = 120$, $p_0 = 0{,}15$ und $\alpha = 0{,}03$.

(a) Die Nullhypothese lautet H_0: „Maximal 15 % aller Samen keimen nicht“

(b) Die Alternativhypothese lautet H_1: „Mehr als 15 % aller Samen keimen nicht“

(c) Unter der Annahme, dass der Extremfall der Nullhypothese gilt, ist X = „Anzahl der nicht keimenden Samen“ durch $X \sim \mathrm{B}_{120;\,0,15}$ gegeben.

(d) Wir suchen den minimalen Wert für k, so dass gilt: $\mathrm{P}(X \geq k) \leq 0{,}03 \Rightarrow \mathrm{P}(X \leq k-1) \geq 0{,}97$

(e) Dabei erhalten wir $k = 27$.

(f) Der Ablehnungsbereich lautet dann $\overline{\mathrm{A}} = \{27, 28, \ldots, 120\}$.

(g) Der Annahmebereich lautet dann $\mathrm{A} = \{0, 1, \ldots, 26\}$.

188. Es handelt sich um einen linksseitigen Test mit $n = 30$ und $p_0 = 0{,}6$.

(a) H_1: „Weniger als 60 % der Schüler bestehen die Prüfung.“

(b) Mit einer Wahrscheinlichkeit von 4 % wird die Nullhypothese verworfen, obwohl sie richtig ist.

(c) Das Ergebnis würde die Vermutung bestätigen, dass mindestens 60 % der Schüler die Prüfung bestehen.

(d) Das Kultusministerium würde feststellen, dass die Vermutung falsch war. Man würde also zu dem Entschluss kommen, dass weniger als 60 % der Schüler diese Prüfung bestehen.

189. Es handelt sich um einen rechtsseitigen Test mit $n = 180$ und $p_0 = \frac{1}{6}$. Unter der Annahme, dass der Extremfall der Nullhypothese gilt, ist die Zufallsgröße X = „Anzahl geworfene Sechser“ durch $X \sim \mathrm{B}_{180;\,\frac{1}{6}}$ gegeben. Wir suchen den minimalen Wert für k, so dass gilt:

$$\mathrm{P}(X \geq k) \leq \alpha \Rightarrow \mathrm{P}(X \leq k-1) \geq 1-\alpha.$$

(a) Für $\alpha = 0{,}1$ gilt: $k = 37$. Somit lehnen wir die Nullhypothese ab, wenn die Anzahl der geworfenen Sechser im Ablehnungsbereich $\overline{\mathrm{A}} = \{37, 38, \ldots, 180\}$ liegt. Die Nullhypothese ist mit dem Versuchsergebnis verträglich, wenn die Anzahl der geworfenen Sechser im Annahmebereich $\mathrm{A} = \{0, 1, \ldots, 36\}$ liegt.

(b) Für $\alpha = 0{,}05$ gilt: $k = 39$. Somit lehnen wir die Nullhypothese ab, wenn die Anzahl der geworfenen Sechser im Ablehnungsbereich $\overline{\mathrm{A}} = \{39, 40, \ldots, 180\}$ liegt. Die Nullhypothese ist mit dem Versuchsergebnis verträglich, wenn die Anzahl der geworfenen Sechser im Annahmebereich $\mathrm{A} = \{0, 1, \ldots, 38\}$ liegt.

(c) Für $\alpha = 0{,}01$ gilt: $k = 43$. Somit lehnen wir die Nullhypothese ab, wenn die Anzahl der geworfenen Sechser im Ablehnungsbereich $\overline{\mathrm{A}} = \{43, 44, \ldots, 180\}$ liegt. Die Nullhypothese ist mit dem Versuchsergebnis verträglich, wenn die Anzahl der geworfenen Sechser im Annahmebereich $\mathrm{A} = \{0, 1, \ldots, 42\}$ liegt.

190. Es handelt sich um einen linksseitigen Test mit $n = 10$, $p_0 = 0{,}75$ und $\alpha = 0{,}05$. Die Nullhypothese lautet H_0: „Der Mann kann in mindestens 75 % aller Fälle die Würfe vorhersagen.“ Die Alternativhypothese lautet H_1: „Der Mann kann in weniger als 75 % die Würfe vorhersagen“. Sollte der Mann Recht haben, dann ist die Anzahl richtig vorhergesehener Würfe durch $X \sim \mathrm{B}_{10;\,0,75}$ gegeben. Wir suchen den maximalen Wert für k, so dass gilt: $\mathrm{P}(X \leq k) \leq 0{,}05$. Dabei erhalten wir mit Hilfe des Schaubildes $k = 4$. Wir glauben dem Mann nicht, wenn er maximal 4 Würfe richtig vorhersieht. Wir glauben ihm, wenn er mindestens 5 Würfe richtig vorhersieht.

191. Es handelt sich um einen rechtsseitigen Test mit $n = 240$ und $p_0 = 0{,}2$.

(a) Unter der Annahme, dass der Extremfall der Nullhypothese gilt, ist die Zufallsgröße X = „Anzahl der Gäste, die vegane Gerichte bestellen würden" durch $X \sim B_{240;\,0,2}$ gegeben. Wir suchen die Werte für α, so dass gilt: $P(X \geq 59) \leq \alpha$, bzw. $P(X \leq 58) \geq 1 - \alpha$. Wir erhalten $1 - \alpha = 0{,}952 \Rightarrow \alpha = 0{,}048$ bzw. $\alpha \approx 5\,\%$.

(b) Hier handelt es sich um den Fehler 2. Art (die Nullhypothese wird angenommen, obwohl sie falsch ist). Für X gilt dann: $X \sim B_{240;\,0,3}$. Wir berechnen $P(X \in A) = P(X \leq 58) = 0{,}0268$.

(c) Hier handelt es sich um den Fehler 1. Art (die Nullhypothese wird abgelehnt, obwohl sie wahr ist). Für X gilt dann: $X \sim B_{240;\,0,18}$. Wir berechnen $P(X \in \overline{A}) = 1 - P(X \in A) = 1 - P(X \leq 58) = 0{,}0065$.

192. Individuelle Lösungen.

193. Es handelt sich um einen linksseitigen Test mit $n = 180$ und $p_0 = \frac{1}{6}$.

(a) Für $p \in H_0$ ist die Nullhypothese wahr. Somit gibt $f(p) = P(X_p \in \overline{A})$ die Wahrscheinlichkeit an, die Nullhypothese fälschlicherweise abzulehnen. Dies ist der Fehler 1. Art.

(b) Anhand des Schaubildes erkennen wir, dass für den Fehler 1. Art gilt: $f(0{,}17) \approx 3\,\%$.

(c) Für $p \in H_1$ ist die Nullhypothese falsch. Somit gibt $1 - f(p) = P(X_p \in A)$ die Wahrscheinlichkeit an, die Nullhypothese fälschlicherweise anzunehmen. Dies ist der Fehler 2. Art.

(d) Anhand des Schaubildes erkennen wir, dass für den Fehler 2. Art gilt: $1 - f(0{,}1) \approx 19\,\%$.

Zweiseitiger Signifikanztest (S. 80 – 83)

194. Es handelt sich um einen zweiseitigen Test mit $n = 150$, $p_0 = 0{,}1$ und $\alpha = 0{,}06$.

(a) Die Nullhypothese lautet H_0: „Genau 10 % aller Bananen sind unreif."

(b) Die Alternativhypothese lautet H_1: „Nicht 10 % aller Bananen sind unreif."

(c) Unter der Annahme, dass die Nullhypothese gilt, ist die Zufallsgröße X = „Anzahl unreifer Bananen" durch $X \sim B_{150;\,0,1}$ gegeben.

(d) Wir suchen den maximalen Wert für k_1, so dass gilt: $P(X \leq k_1) \leq 0{,}03$ und erhalten $k_1 = 7$.

(e) Wir suchen den minimalen Wert für k_2, so dass gilt: $P(X \geq k_2) \leq 0{,}03 \Rightarrow P(X \leq k_2 - 1) \geq 0{,}97$ und erhalten $k_2 = 23$.

(f) Der Ablehnungsbereich lautet dann $\overline{A} = \{0, 1, \ldots, 7\} \cup \{23, 24, \ldots, 150\}$.

(g) Der Annahmebereich lautet dann $A = \{8, 9, \ldots, 22\}$.

195. Es handelt sich um einen zweiseitigen Test mit $n = 20$ und $p_0 = 0{,}4$.

(a) H_1: „Nicht 40 % aller Anrufe landen in der Warteschleife."

(b) Mit einer Wahrscheinlichkeit von maximal 10 % wird die Nullhypothese verworfen, obwohl sie richtig ist.

(c) Das Ergebnis würde die Vermutung bestätigen. Die Mitarbeiterzahl sollte beibehalten werden.

(d) Die Nullhypothese wird verworfen. Die Mitarbeiterzahl sollte reduziert werden.

(e) Die Nullhypothese wird verworfen. Die Mitarbeiterzahl sollte erhöht werden.

196. Es handelt sich um einen zweiseitigen Test mit $n = 180$ und $p_0 = \frac{1}{6}$. Für die Zufallsgröße X = „Anzahl geworfene Sechser" gilt: $X \sim B_{180;\frac{1}{6}}$. Wir suchen den maximalen Wert für k_1 und den minimalen Wert für k_2, so dass gilt:

$$P(X \leq k_1) \leq \frac{\alpha}{2} \text{ bzw. } P(X \geq k_2) \leq \frac{\alpha}{2} \Rightarrow P(X \leq k_1) \leq \frac{\alpha}{2} \text{ bzw. } P(X \leq k_2 - 1) \geq 1 - \frac{\alpha}{2}$$

(a) Für $\alpha = 0{,}1$ gilt: $k_1 = 21$ und $k_2 = 39$. Somit lehnen wir die Nullhypothese ab, wenn die Anzahl der geworfenen Sechser im Ablehnungsbereich $\overline{A} = \{0, 1, \ldots, 21\} \cup \{39, 40, \ldots, 180\}$ liegt. Die Nullhypothese ist mit dem Versuchsergebnis verträglich, wenn die Anzahl der geworfenen Sechser im Annahmebereich $A = \{22, 23, \ldots, 38\}$ liegt.

(b) Für $\alpha = 0{,}05$ gilt: $k_1 = 20$ und $k_2 = 41$. Somit lehnen wir die Nullhypothese ab, wenn die Anzahl der geworfenen Sechser im Ablehnungsbereich $\overline{A} = \{0, 1, \ldots, 20\} \cup \{41, 42, \ldots, 180\}$ liegt. Die Nullhypothese ist mit dem Versuchsergebnis verträglich, wenn die Anzahl der geworfenen Sechser im Annahmebereich $A = \{21, 22, \ldots, 40\}$ liegt.

(c) Für $\alpha = 0{,}01$ gilt: $k_1 = 17$ und $k_2 = 44$. Somit lehnen wir die Nullhypothese ab, wenn die Anzahl der geworfenen Sechser im Ablehnungsbereich $\overline{A} = \{0, 1, \ldots, 17\} \cup \{44, 45, \ldots, 180\}$ liegt. Die Nullhypothese ist mit dem Versuchsergebnis verträglich, wenn die Anzahl der geworfenen Sechser im Annahmebereich $A = \{18, 19, \ldots, 43\}$ liegt.

197. Es handelt sich um einen zweiseitigen Test mit $n = 1\,000$, $p_0 = 0{,}3$ und $\alpha = 0{,}01$. Die Alternativhypothese lautet H_1: „Die Partei wird nicht von 30 % der Wähler unterstützt." Unter der Annahme der Nullhypothese ist die Anzahl der Wähler durch $X \sim B_{1\,000;0{,}3}$ gegeben. Wir suchen den maximalen Wert für k_1, so dass gilt: $P(X \leq k_1) \leq 0{,}005$. Dabei erhalten wir $k_1 = 262$. Wir suchen den minimalen Wert für k_2, so dass gilt: $P(X \geq k_2) \leq 0{,}005$ bzw. $P(X \leq k_2 - 1) \geq 0{,}995$. Dabei erhalten wir $k_2 = 339$. Der Ablehnungsbereich lautet $\overline{A} = \{0, 1, \ldots, 262\} \cup \{339, 340, \ldots, 1\,000\}$. Der Annahmebereich lautet $A = \{263, 264, \ldots, 338\}$.

198. Es handelt sich um einen zweiseitigen Test mit $n = 100$ und $p_0 = 0{,}25$. Je kleiner das Signifikanzniveau, desto größer der Annahmebereich bzw. desto kleiner der Ablehnungsbereich. Daher gilt (a) ⇒ (iii), (b) ⇒ (i) und (c) ⇒ (ii).

199. Es handelt sich um einen zweiseitigen Test mit $n = 270$, $p_0 = 0{,}15$ und $\alpha = 0{,}08$. Unter der Annahme der Nullhypothese ist die Zufallsgröße X = „Anzahl verspäteter Busse" durch $X \sim B_{270;0{,}15}$ gegeben.

(a) Hier handelt es sich um den Fehler 1. Art. Wir berechnen

$$P(X \in \overline{A}) = P(X \leq 29) + P(X \geq 52) = P(X \leq 29) + 1 - P(X \leq 51) = 0{,}0601.$$

(b) Wählen wir den Annahmebereich $A = \{31, 32, \ldots, 51\}$, dann erhalten wir

$$P(X \in \overline{A}) = P(X \leq 30) + P(X \geq 52) = P(X \leq 30) + 1 - P(X \leq 51) = 0{,}0738.$$

Dies ist erlaubt, da der Annahmebereich nicht zwangsweise symmetrisch um den Erwartungswert liegen muss.

200. Es handelt sich um einen zweiseitigen Test mit $n = 180$, $p_0 = \frac{1}{6}$ und $\alpha = 0{,}1$.

(a) Für $p \in H_0$ ist die Nullhypothese wahr. Somit gibt $f(p) = \mathrm{P}(X_p \in \overline{\mathrm{A}})$ die Wahrscheinlichkeit an, die Nullhypothese fälschlicherweise abzulehnen. Dies ist der Fehler 1. Art.

(b) Anhand des Schaubildes erkennen wir, dass für den Fehler 1. Art gilt: $f(0{,}18) \approx 13\,\%$.

(c) Für $p \in H_1$ ist die Nullhypothese falsch. Somit gibt $1 - f(p) = \mathrm{P}(X_p \in \mathrm{A})$ die Wahrscheinlichkeit an, die Nullhypothese fälschlicherweise anzunehmen. Dies ist der Fehler 2. Art.

(d) Anhand des Schaubildes erkennen wir, dass für den Fehler 2. Art gilt: $1 - f(0{,}1) \approx 19\,\%$.

Bonusmaterial

Mindmap

Dies ist eine kleine Übersicht, die Ihnen beim Aufspüren der richtigen Lösungsmethode für eine Aufgabe hilfreich sein kann.

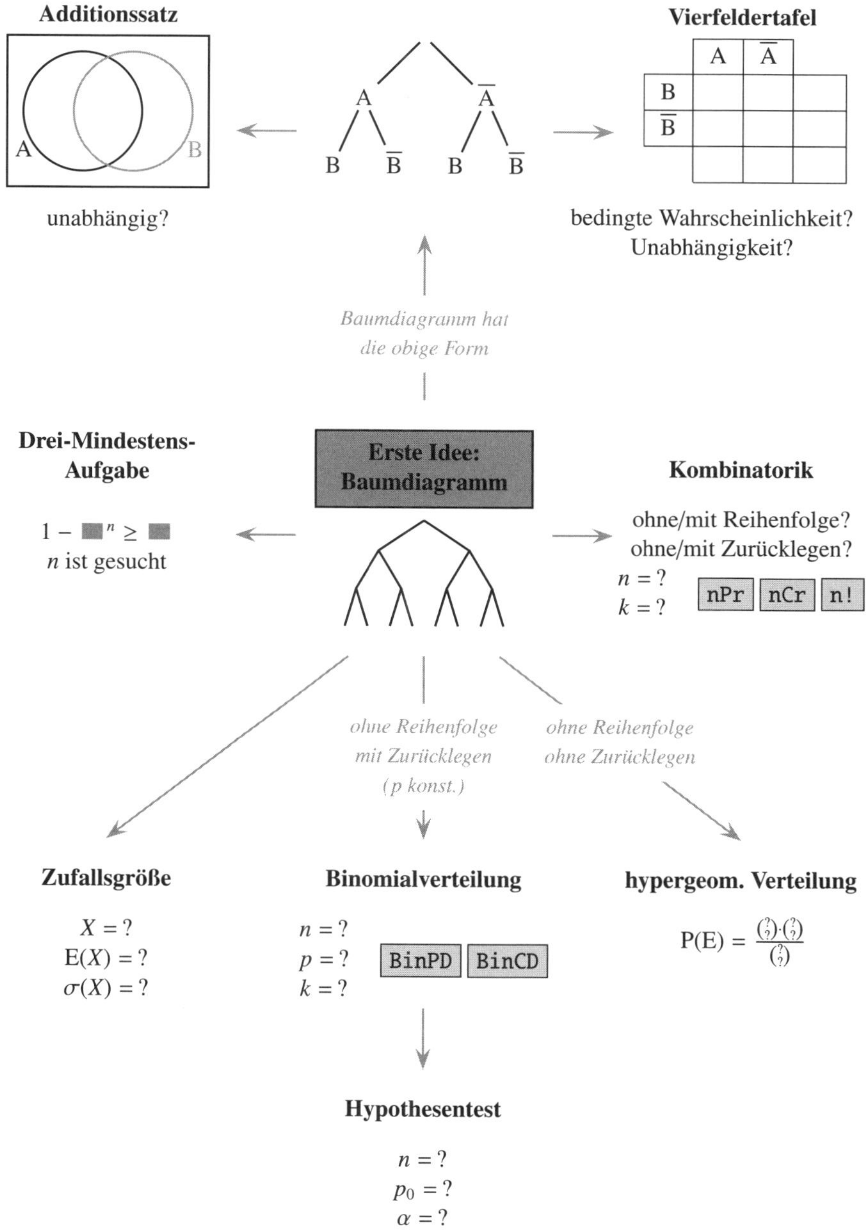

Kniffel

Im Spiel „Kniffel“ werden fünf Würfel gleichzeitig geworfen. Mögliche Wertungen sind (in aufsteigender Reihenfolge):

Beispiel	*Wertung*	*Beschreibung*
⚀⚀⚂⚄⚅	ein Paar	zwei gleiche Zahlen
⚀⚀⚂⚂⚅	zwei Paare	zweimal zwei gleiche Zahlen
⚀⚀⚀⚄⚅	ein Dreierpasch	drei gleiche Zahlen
⚀⚁⚂⚃⚅	kleine Straße	vier aufeinanderfolgende Zahlen
⚀⚀⚀⚄⚄	Full House	drei gleiche Zahlen und zwei gleiche Zahlen
⚀⚁⚂⚃⚄	große Straße	fünf aufeinanderfolgende Zahlen
⚀⚀⚀⚀⚅	Viererpasch	vier gleiche Zahlen
⚀⚀⚀⚀⚀	Fünferpasch	fünf gleiche Zahlen

Poker

Ein Pokerspiel umfasst 52 Karten. Von jeder der vier *Farben*

♦ – Karo, ♥ – Herz, ♠ – Pik, ♣ – Kreuz

gibt es 13 *Werte*: 2, 3, 4, 5, 6, 7, 8, 9, 10, B (Bube), D (Dame), K (König), A (As). Im Detail:

♦2	♦3	♦4	♦5	♦6	♦7	♦8	♦9	♦10	♦B	♦D	♦K	♦A
♥2	♥3	♥4	♥5	♥6	♥7	♥8	♥9	♥10	♥B	♥D	♥K	♥A
♠2	♠3	♠4	♠5	♠6	♠7	♠8	♠9	♠10	♠B	♠D	♠K	♠A
♣2	♣3	♣4	♣5	♣6	♣7	♣8	♣9	♣10	♣B	♣D	♣K	♣A

Die Wertungen sind (in aufsteigender Reihenfolge):

Beispiel					*Wertung*	*Beschreibung*
♦7	♥7	♠8	♠B	♣5	ein Paar	zwei gleiche Werte
♠6	♣6	♠5	♣5	♥K	zwei Paare	zweimal zwei gleiche Werte
♦4	♥4	♠4	♦9	♣3	ein Drilling	drei gleiche Werte
♦3	♥4	♥5	♠6	♣7	Straight	Werte in aufsteigender Reihenfolge und ungleichen Farben
♠4	♠6	♠9	♠B	♠A	Flush	alle Karten von einer Farbe
♦4	♥4	♣4	♦9	♣9	Full House	drei gleiche Werte und zwei gleiche Werte
♦K	♥K	♠K	♣K	♥5	ein Vierling	vier gleiche Werte
♣5	♣6	♣7	♣8	♣9	Straight Flush	Werte in aufsteigender Reihenfolge und von gleicher Farbe

Bonusmaterial

Aufgabenübersicht

Einstufige Zufallsexperimente

	•	••	•••
Rechnen	2, 3, 5, 6, 7	8, 9, 10	
Strategisch lösen			13
Argumentieren	2, 3, 7	11	12
Darstellungen verwenden		8	
Anwenden	5	10	
Modellieren	1, 3, 4		13

Mehrstufige Zufallsexperimente

	•	••	•••
Rechnen	15, 16, 17, 18	16, 19, 20, 21, 23, 25	26, 27
Strategisch lösen	18	25	27
Argumentieren		19, 22, 25	26
Darstellungen verwenden	14, 17	20, 25	
Anwenden	14	19, 20, 21, 23, 25	26
Modellieren	14	24, 25	

Kombinatorische Hilfsmittel

	•	••	•••
Rechnen	29, 30, 32, 33, 34, 35, 37, 38, 39, 40, 41, 42, 43, 44	46, 47, 48, 49, 50, 54, 55	31, 57, 58, 59, 60, 61
Strategisch lösen		52, 56	31, 58
Argumentieren	29, 30, 33, 34, 35, 36, 45	51, 52, 53, 55	59
Darstellungen verwenden		54, 55	
Anwenden	36, 38, 40	50, 54, 55	31, 59, 60
Modellieren		52, 56	

Additionssatz

	•	••	•••
Rechnen	64, 65, 66	67, 68, 69	72, 73
Strategisch lösen			72, 73
Argumentieren	66	67, 70, 71	
Darstellungen verwenden	66	71	
Anwenden	66	67, 69	
Modellieren			73

Bedingte Wahrscheinlichkeiten

	•	••	•••
Rechnen	75, 76, 77, 78	79, 80, 81	82, 83
Strategisch lösen			85
Argumentieren		79, 81	82, 84, 85
Darstellungen verwenden			82
Anwenden		79, 80	82
Modellieren			83

Unabhängige Ereignisse

	•	••	•••
Rechnen	87, 88, 89, 91	92, 93	94, 95
Strategisch lösen		93	95
Argumentieren	87, 89	90	
Darstellungen verwenden	91		95
Anwenden	89	93	94
Modellieren		92	

Wahrscheinlichkeitsfunktion

	•	••	•••
Rechnen	96, 97, 98	100, 101	103
Strategisch lösen			103
Argumentieren		99	103
Darstellungen verwenden	96, 98	101	103
Anwenden	98		103
Modellieren		102	

Verteilungsfunktion

	•	••	•••
Rechnen	104, 105		107
Strategisch lösen			107
Argumentieren		106	
Darstellungen verwenden	104, 105	106	107
Anwenden	105		
Modellieren			107

Erwartungswert

	•	••	•••
Rechnen	108, 109, 110	112, 113, 114, 115, 116	118, 119, 120, 121
Strategisch lösen		116	120
Argumentieren	109, 110	111, 115, 117	119
Darstellungen verwenden	108	111, 113	
Anwenden	109, 110	114, 115, 116	119, 120
Modellieren		112, 113	121

Varianz und Standardabweichung

	•	••	•••
Rechnen	122, 123	124, 125, 126, 128	129, 130
Strategisch lösen		128	
Argumentieren			127, 130
Darstellungen verwenden	122	124, 126	127
Anwenden		125, 126, 128	
Modellieren		124	129, 130

Binomialverteilung

	•	••	•••
Rechnen	133, 134, 135, 136, 137, 143	138, 140, 141, 142, 143	145
Strategisch lösen		142	145
Argumentieren	132	139, 141	144
Darstellungen verwenden	134	140	144
Anwenden	136	138, 141, 142, 143	144, 145
Modellieren	132	143	143

Erwartungswert und Standardabweichung der Binomialverteilung

	•	••	•••
Rechnen	146, 147	147, 150, 151	152, 153
Strategisch lösen		150	
Argumentieren		148, 149, 150	153
Darstellungen verwenden		148, 149	
Anwenden		150, 151	
Modellieren	147	147	152

Standardnormalverteilung*

	•	••	•••
Rechnen	154		156, 157
Strategisch lösen			
Argumentieren		155	156, 157
Darstellungen verwenden		155	156, 157
Anwenden			
Modellieren			

Approximation der Binomialverteilung für großes n

	•	••	•••
Rechnen		158, 159, 161	162
Strategisch lösen			
Argumentieren		160, 161	162
Darstellungen verwenden			
Anwenden		159, 160	162
Modellieren			

Prognoseintervalle und Sigma-Regeln

	•	••	•••
Rechnen	163, 164	165, 167, 168	170, 171
Strategisch lösen			171
Argumentieren	163	165, 166, 169	
Darstellungen verwenden		166	171
Anwenden		165, 167, 168	
Modellieren			170

Schätzen unbekannter Wahrscheinlichkeiten

	•	••	•••
Rechnen	173, 174	175, 176, 179, 180, 181	182, 183
Strategisch lösen		180, 181	
Argumentieren	174	177, 178, 179, 180	183, 184
Darstellungen verwenden		178, 181	
Anwenden	173, 174	178, 180, 181	182, 183, 184, 185
Modellieren		180, 181	182, 183, 185

Einseitiger Signifikanztest

	•	••	•••
Rechnen	187	189, 191	
Strategisch lösen		191	
Argumentieren	188		193
Darstellungen verwenden		190	193
Anwenden	187, 188	190, 191	192
Modellieren			192

Zweiseitiger Signifikanztest

	•	••	•••
Rechnen	194	196, 197	199
Strategisch lösen			199
Argumentieren	195	198	199, 200
Darstellungen verwenden			200
Anwenden	194, 195	197	199
Modellieren			

Index

Ablehnungsbereich, 75
absolute Häufigkeit, 11
annähernd normalverteilt, 63
Annahmebereich, 75
Axiome von Kolmogorov, 14

Balkendiagramm, 42
Baumdiagramm, 18
Bernoulli-Kette, 53
Binomialkoeffizient, 27

Dichtefunktion, 61

Elementarereignis, 13
Entscheidungsregel, 75
Ereignis, 11, 13
    sicheres, 13
    unmögliches, 13
Ereignismenge, 13
Ereignisse
    abhängige, 38
    unabhängige, 38
    unvereinbare, 13
Ergebnis, 13
Ergebnismenge, 13
Erwartungswert, 47

Fakultät, 26
Fehler
    1. Art, 75
    2. Art, 75
Formel von Bayes, 37

Geburtstagsparadoxon, 97
Gegenereignis, 13
Gesetz der großen Zahlen, 11
Gesetze von de Morgan, 101
Grundgesamtheit, 71

Histogramm, 42
Hypothesentest, 75

Intervall, 7
Irrtumswahrscheinlichkeit, 75

k-Permutation, 26
Kniffel, 134
Kombinatorik, 24
Konfidenzellipse, 72
Konfidenzintervall, 69
Konfidenzniveau, 69

Laplace
    –Bedingung, 63
    –Experiment, 15
    –Wahrscheinlichkeit, 15

Mächtigkeit, 13
Mengendiagramm, 13
Mengendifferenz, 13
Multiplikationstafel, 38

Normalverteilung, 61
Nullhypothese, 75

Pfadregeln, 19
Pokerkarten, 134
Prognoseintervall, 65

relative Häufigkeit, 11, 69

Satz von Bayes, 37
Schnittmenge, 13
Sicherheitswahrscheinlichkeit, 65, 69
Siebformel, 33
Sigma-Regeln, 65
Signifikanzniveau, 75

Signifikanztest, 75
Simulation, 12, 58, 77
Spiel
    faires, 47
    günstiges, 47
    ungünstiges, 47
Stabdiagramm, 42
Standardabweichung, 50
Stichprobe, 24, 71
Stichprobenlänge, 75

Test
    linksseitiger, 76
    rechtsseitiger, 76
    zweiseitiger, 80

Urnenmodell, 24

Varianz, 50
Vereinigungsmenge, 13
Verteilungsfunktion, 45
Verträglichkeit, 69
Vertrauensintervall, 69
Vertrauenswahrscheinlichkeit, 69
Vierfeldertafel, 34, 104

Wahrscheinlichkeit, 11, 14, 15
    bedingte, 34
Wahrscheinlichkeitsfunktion, 42
    kumulierte, 45

Zufallsexperiment, 11
    einstufiges, 12
    mehrstufiges, 12, 18
Zufallsgröße, 41
Zufallsvariable, 41
zweites Moment, 52